缤纷世界
甲虫与人类文明

〔英〕亚当·多德◎著　李庆学　仇全菊◎译

U0187533

清华大学出版社
北京

北京市版权局著作权合同登记号　图字：01-2021-4872

图书在版编目（CIP）数据

缤纷世界：甲虫与人类文明 /（英）亚当·多德著；李庆学，仇全菊译 . — 北京：清华大学出版社，2021.11
ISBN 978-7-302-59335-5

Ⅰ . ①缤… Ⅱ . ①亚… ②李… ③仇… Ⅲ . ①鞘翅目—通俗读物 Ⅳ . ① Q96-49

中国版本图书馆 CIP 数据核字（2021）第 208260 号

责任编辑：肖　路　王　华
封面设计：施　军
责任校对：欧　洋
责任印制：沈　露

出版发行：清华大学出版社
　　　　网　　址：http://www.tup.com.cn, http://www.wqbook.com
　　　　地　　址：北京清华大学学研大厦A座　　邮　　编：100084
　　　　社 总 机：010-62770175　　　　　　　邮　　购：010-62786544
　　　　投稿与读者服务：010-62776969, c-service@tup.tsinghua.edu.cn
　　　　质量反馈：010-62772015, zhiliang@tup.tsinghua.edu.cn
印 装 者：小森印刷（北京）有限公司
经　　销：全国新华书店
开　　本：130mm×185mm　　印　　张：5.25　　字　　数：109千字
版　　次：2022年1月第1版　　　　　　印　　次：2022年1月第1次印刷
定　　价：49.00元

产品编号：087968-01

目 录

第一章　甲虫概述

> 对于研究大自然的方法，我有自己的观点，虽然这似乎更像是一只甲虫在向银河系述说自己的观点。
>
> ——出自阿瑟·柯南·道尔（Arthur Conan Doyle）所著的《斯塔克·门罗的信件》（*The Stark Munro Letters*）。

20世纪80年代初，昆虫学家达里尔·格温（Darryl Gwynne）和大卫·伦茨（David Rentz）在澳大利亚珀斯市西北350公里的当加拉小镇附近考察时发现，各种各样的空瓶和空罐散落在路边，随处可见，许多是过往车辆从车窗里扔出来的。同时他们也看到了不可思议的一幕：一些在澳大利亚俗称为"矮胖啤酒瓶"的棕色小啤酒瓶，被一群棕色雄性宝石甲虫（*Julodimorpha bakewelli*）"骚扰着"。众所周知，雄性宝石甲虫对啤酒毫无兴趣，它们只钟情于雌性宝石甲虫。雌性宝石甲虫体形较大，棕色，其外形酷似"矮胖啤酒瓶"。雄性宝石甲虫一定是将啤酒瓶底部凹陷处误以为是雌虫的尾部。

1983年，格温和伦茨发表了他们的观察结果，文中提到，1980年，阿瑟尔·M.道格拉斯（Athol M. Douglas）发表的《濒临灭绝的动物群：不断变化的环境之我见》（*Our Dying Fauna: A Personal Perspective on a Changing Environment*）一文中就配有一张雄性宝石甲虫尝试与矮胖

（对页）多姿多彩的甲虫，卡尔斯鲁厄国家自然历史博物馆。

1

啤酒瓶交配的照片。此次他们发现的这种情况在当加拉地区十分常见。雄性宝石甲虫通常飞离地面 1~2 米，寻找不会飞的雌性宝石甲虫。人们观察到，许多雄性宝石甲虫趴在啤酒瓶上（这些宝石甲虫不知道这是一只酒瓶）。许多宝石甲虫痴迷于此，不肯轻易离开。甚至有一只雄性宝石甲虫特别执着，无数蚂蚁围攻它，但疼痛也阻挡不了它的痴情。就在离这个瓶子几厘米远的地方，是一具雄性宝石甲虫的尸体，上面布满了蚂蚁。喜欢在草地上野餐的人都知道，蚂蚁动作敏捷，一旦发现食物源，立即会大量聚拢过来。这对宝石甲虫来说有点不妙。

这一新奇的发现让人忍俊不禁，但细思之下，这一发现还预示着更大、更严重的问题，令人惴惴不安。这些啤酒瓶不只破坏了风景，它们还扮演着"超级信息素释放者"的角色。千万年来，雄性宝石甲虫凭借本能，寻找特定的视觉刺激，完成交配，从而繁衍生息。这一过程亘古不变。如今，一个未曾谋面、似曾相识的工业品闯入它们的世界，而它们浑然不觉。更糟糕的是，即使面对数次失败，甚至死亡，它们也义无反顾、毫不退缩。后来，人们意识到这可能会威胁到宝石甲虫的繁衍，于是不得不重新设计了啤酒瓶。2011 年，也就是首次观察到这一现象 30 年后，格温和伦茨被授予搞笑诺贝尔生物学奖（Ig Nobel Prize for Biology）。搞笑诺贝尔奖由哈佛大学颁发，是哈佛大学对"不可思议的研究"和"让人忍俊不禁又发人深省"的发现的认可。

在人类与昆虫漫长的互动历史中，这段简短的小插曲

一种斑蝥虫（*Lytta nuttalli*）在吃黄芪花。

说明了我们与甲虫若即若离的关系。像所有的昆虫一样，甲虫是奇妙的生物，远离人间是是非非。在我们看来，它们是对立和矛盾的统一体。吸引我们关注甲虫、研究甲虫的正是它们色彩斑斓的外表和引人注目有时又极具破坏力的习性。然而，它们不会向人类敞开胸襟，诉说所有秘密——大多数甲虫，由于它们善于伪装、体形较小，并且地理隔绝，无法进入人类视野。我们可能无法了解所有的甲虫，但我们知道，甲虫分布广，在地球上出现得早，是大自然必不可少的物种。因此，如果没有甲虫，世界将是一个完全不同的世界。甲虫像许多其他昆虫一样，擅长分解死去的生物体和有机物，而且许多甲虫还是植物必不可少的传粉者，它们的日常劳动使我们赖以生存的环境得以持续健康发展。

尽管我们的生活日益城市化，尽管甲虫并非与我们的生活息息相关，但可以说，绝大多数人一生中都曾遇到过甲虫。有时甲虫就在我们面前，而我们却浑然不觉。或许，在食物储藏室，我们曾与象鼻虫不期而遇，它们让人深恶痛绝；或许，在夜晚，我们曾邂逅一群时隐时现的萤火虫，它们让人如痴如醉。我的童年是在澳大利亚的"甘蔗城市"班达伯格度过的，那里的人们认为甲虫的出现代表着好事将至。例如，圣诞甲虫（*Anoplognathus pallidicollis*）飞来，预示着圣诞节快要到了。"圣诞"甲虫体长2~3厘米。圣诞节前后，澳洲正值春末夏初，气候潮湿。一到晚上，圣诞甲虫被室内的灯光吸引，大量盘旋在灯的周围，特别是夏初第一场暴雨过后，圣诞甲虫更是蜂拥而至。有些圣诞甲虫特别"厚颜无耻"，飞过敞开的窗户，在灯光下肆无忌惮地"嗡嗡"着；还有些圣诞甲虫被挡在纱窗外，它们拼命撞击着纱窗，但仍被拒之窗外，只好漫无目的地待在那里，"嗡嗡"一夜，直到第二天太阳升起；也有的圣诞甲

一只困在紫色猪笼草里的甲虫。

4

长臂金龟（*Euchirus macleayi*），发现于印度东北部。

Euchirus
macleayi, Hope
Mountains in Assam.

虫撞击纱窗后四脚朝天，拼命挣扎着想要爬起来，那场面让人忍俊不禁。

随着城市化和工业化进程的加快，多姿多彩的"大自然"与我们的日常生活渐行渐远，留给我们的是抽象的画面和曾经的记忆。因此，与甲虫偶然的一次邂逅，便会成为我们津津乐道的经历。这就是大自然留给我们的印象。事实上，人类与大自然的关系以及人类对大自然的理解，可能从未如此复杂过，尤其是在以前，人类与大自然的关系貌似紧密，实则相当遥远，这也唤起了人类探索大自然的渴望。如今，许多物种濒临灭绝，人类常常用"变幻莫测"

来形容大自然，这正说明了人类与大自然的紧张关系。

有些甲虫也濒临灭绝。例如，自2002年以来，塔斯马尼亚维琅塔森林的鹿角虫（*Lissotes latidens*）被列入英联邦濒危物种名单。它们是澳大利亚最稀有的昆虫之一，分布范围仅280平方公里，1871年首次被人类文献记录，之后被记载的次数不超过40次。这种鹿角虫生活在落叶层或潮湿、腐烂的木材中，依靠原始森林中倒下的树木为生，一生的活动半径可能不会超过10米。塔斯马尼亚伐木业会铲平和焚烧维琅塔森林，清理土地种植新木，因而破坏了维琅塔鹿角虫脆弱的生态环境，从而危及整个森林的长期健康发展。塔斯马尼亚的土地利用方式导致维琅塔鹿角虫濒临灭绝，引发人们的争议。但由于我们大多数人与原始森林没有直接接触，这些争议似乎遥不可及，难以感同身受。如果人见人爱、憨态十足的熊猫灭绝，就会引

东北海滩上的虎甲虫（*Cicindela dorsalis dorsalis*）。

6

起公众的关注，那么相对而言，如果这种鲜为人知的塔斯马尼亚维琅塔森林鹿角虫灭绝，就很少引起关注。因此，人类保护措施的可行性和可取性，将直接关系到濒危鹿角虫的命运。

鹿角虫的例子反映了人类发展和自然物种间的矛盾，一方面是重要的、本地生态物种的生存；另一方面是日益全球化的人类发展。这种矛盾在人类和昆虫之间尤为明显，其根源在于根深蒂固的（也许是不可避免的）人类中心主义。尽管人类实践活动不断危及甲虫物种（比如，人类成功地将一些甲虫逐出我们日益趋同的城市环境），但强大的适应力使它们继续在全球各地繁衍生息——事实上，甲虫出现的时间比人类早2亿多年。

2亿多年，这个漫长的时间历程，是衡量甲虫生命的一个维度，这一数字超出了我们的想象，使我们几乎不可能完全理解甲虫在地球生态系统中的重要程度。与甲虫相比，人类才是地球进化史上最晚进化而来、区别于其他物种的动物。因为甲虫是现存最古老、数量最多的动物之一，人们可能会想当然地认为对甲虫了如指掌，但事实并非如此。例如，为什么甲虫种类如此繁多？一些理论只是给出了部分解释，但人类并未达成共识。有一次，我在澳大利亚一所大学参观昆虫收藏品，那些体形硕大、色彩绚丽的甲虫标本自然而然地吸引了我的注意力，其中有一只尤其引人注目：与其他大多数甲虫不同的是，它四脚朝天，躺在标本箱里。我惊讶地发现它的下腹部是彩虹色的。甲虫的下腹部在死前很少外露，我们很少有机会看到它们下腹

部的颜色，那么甲虫下腹部长成彩虹色的"目的"是什么？于是我问馆长："为什么这些甲虫的下腹部是彩虹色的？"他似乎也不知道，只是回答："因为它们可以长成彩虹色。"

既然我们无法解释甲虫的多样性，那么还是让我们先从术语来了解这些令人费解的甲虫吧。beetle（甲虫）一词起源于古英语单词 bitula，由 bitan（咬）演变而来，尽管事实上很少有甲虫会咬人。英语单词 weevil（象鼻虫）来源于日耳曼语 webila，意思是"来回移动"或"成群结队"。从科学的角度讲，甲虫属鞘翅目昆虫，鞘翅目是亚里士多德创造的术语，源自希腊语 koleós（鞘）和 pterá（翅膀）。因此，甲虫最容易识别的是坚硬角质化的前翅，又称鞘翅，它可以保护脆弱的膜质后翅，有时还在飞行中起方向舵的作用。在过去的2.3亿年里，甲虫特殊的身体构造帮助它们适应大自然的进化规律。地球上所有已知的生命种类中（包括动物、植物、真菌、藻类、细菌、原生动物、病毒等），昆虫，即属于昆虫纲的动物，约占总数的56%，而甲虫约占总数的25%，因此，甲虫是地球上种类最丰富的生物之一。显而易见，地球上也有一个繁荣昌盛的"昆虫世界"。

宝石甲虫，产于印度南部的哥印拜陀市。

事实上，昆虫数量是目前全球人口数量的 3 亿倍，它们的总重量是人类总重量的 12 倍。

18 世纪中叶，瑞典自然历史学家卡尔·林奈（Carl Linnaeus）（1707—1778 年）创立了物种的双命名法，之后，人类鉴定出约 35 万种甲虫。曾几何时，研究昆虫被视为微不足道、极其幼稚的行为，甚至被认为一无是处。在过去的 250 年里，人类平均每天发现 4 种新甲虫，这个速度着实令人吃惊。但昆虫学家相信，我们并未掌握世界上现存的所有甲虫种类，更不用说那些尚未被发现的甲虫化石了。举例而言，2013 年 8 月，康奈尔大学的詹姆斯·利布海尔（James Liebherr）教授在塔希提岛发现了 28 种 *Mecyclothorax* 属的甲虫，这表明还有许多种甲虫尚待发现。甲虫和其他昆虫一样，本质上是"已知的未知生物"——我们知道它们存在，但并未彻底了解它们。

许多甲虫活动半径不大，喜欢栖息于它们喜好的环境，但这些环境本身可能非常脆弱。毫无疑问，许多甲虫种类在被人类发现之前，就已经灭绝了。而令人惊讶的是，有些甲虫物种似乎已经灭绝，它们随后又再次出现。在英国，一种为害榛树的叶甲科甲虫（*Cryptocephalus coryli*）曾是常见的物种，它将卵储存在由自己粪便制成的"球"中。据观察，这种甲虫数量急剧下降，之后似乎已经灭绝，直到 2008 年，人们在舍伍德森林又发现了它们的踪影。无独有偶，1882 年，在新西兰达尼丁市，人类首次发现了一只雄性新西兰潜水甲虫（*Rhantus plantaris*），但自首次被发现以后的多年，这种潜水甲虫再也没有出现过，以至于

人们怀疑它是否真的属于新西兰当地物种。1986 年，人们在新西兰克莱斯特彻奇市附近的一个路边小池塘里，再次发现了这种潜水甲虫。

将所有鞘翅目物种分门别类，梳理出世界上完整的物种目录，是一项艰巨的任务。虽然人们收集的甲虫标本数量庞大，但也只不过是昆虫世界的沧海一粟。彻底梳理这些数量庞大的标本需要耗费大量的劳动，而在梳理过程中，往往也会发现迄今尚未命名的物种，因此又使分类工作难上加难。例如，2011 年 11 月，人们重新整理了 19 家博物馆的藏品，新发现了 84 种大蚁形甲属（*Macratria*）甲虫。新发现的物种分布在印度尼西亚、新几内亚和所罗门群岛，从而使这些地区已知的大蚁形甲属甲虫数量增加了 2 倍。更令人惊讶的是，即使在没有直接化石证据的情况下，人类也有可能发现早已灭绝的甲虫新物种。1999

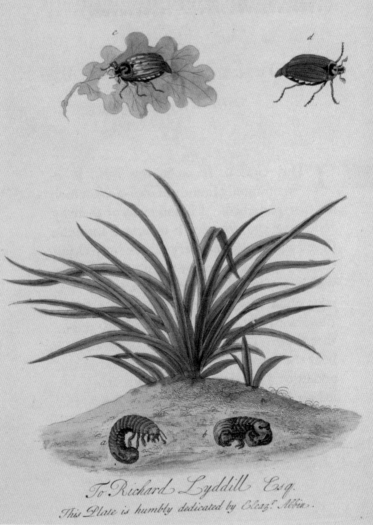

To Richard Lyddill Esq.

This Plate is humbly dedicated by Eleaz.r Albin.

年，当时还是密歇根大学地球科学助理教授的彼得·威尔夫（Peter Wilf）一直在研究发现于北达科他州和怀俄明州的 11 个姜叶化石标本。研究表明，这些姜叶曾被啃食过，啃食的方式相当特殊。现代姜类植物经常被卷叶铁甲科甲虫啃食，它们会留下啃食痕迹。威尔夫证实，大约在 5300 万年前，一种类似铁甲科的甲虫，确实啃食过古老的姜叶，他将这种甲虫命名为 *Cephaloleichnites strongii*。但随后这一发现被其他昆虫学家质疑，理由是其他现存的甲虫种类也可能留下这样的啃食痕迹。除此之外，还有许多其他尚未归类的甲虫留下的痕迹，缺乏直接的化石证据证明其存在过。

甲虫种类如此庞大，这意味着，即使在野外"新"发现的物种，也有可能之前就已经被发现过，只是被保存在标本抽屉里等着以后编目，然后就被遗忘了。在某种意义

（对页）《月光花（*Ipomoea alba*）、黑蜣科甲虫（*Passalus interruptus*）和大丽吉丁虫（*Euchroma gigantea*）》，玛丽亚·西比拉·梅里安（Maria Sibylla Merian）绘于 1719 年。

鸢尾象鼻虫（*Mononychus punctumalbum*）。

13

南方圆豉甲
(*Dineutus australis*)，
以能在水面上绕小
圈活动而闻名。

上，甲虫是一个不断增长的庞大生物体系，代表了自然世界的无限性，它们数量庞大、种类繁多，需要人类耗费时力研究和分类。在很多方面，甲虫本身就是生物多样性活生生的体现。就个体而言，它们是动物，是自然界的主体；就整个物种而言，它们是自然进化的一部分。甲虫在繁殖周期、寿命、饮食、栖息地、颜色和形态上千差万别，它们既惊艳迷人又难以捉摸，这就是鞘翅目昆虫的基本特性，这种特性激发了人类的想象力和好奇。多样性是生活的调味品，同样的，它也是想象力的源泉。19 世纪，欧洲昆虫学家认为，甲虫的多样性可以提升人类对大自然的审美和鉴赏能力，加强人类与自然界的接触和互动，正如 1835 年詹姆斯·邓肯（James Duncan）所言：

一般和特殊的差异往往模糊不清、不好把握，因此人们几乎难以鉴别。从事此类研究可培养良好的鉴赏力，鉴别群体、家族之间的相互关系以及它们与自然界不同生物类别之间的关系，帮助有天赋的人发挥才能。对那些喜欢在大自然中追寻造物者足迹的人来说，物种的多样性和结构的多样性是取之不尽、用之不竭的动力源泉。

邓肯的评价一语中的。研究甲虫不仅仅是我们对甲虫做了什么，而是在甲虫的帮助下，我们做了什么。甲虫就像所有"微小生物"一样，激发了人们对"小生物，大世界"的想象力。我们往往认为甲虫都是"小"生物，对它们不屑一顾，但在昆虫世界，它们体态各异、大小不一，令人叹为观止：小的如北美洲的缨甲（*Nanosella fungi*），体长仅 0.4 毫米；大的如南美洲的泰坦大天牛（*Titanus giganteus*），体长达 200 毫米。总体来讲，甲虫平均体长约为 5 毫米。用人类做比喻的话，中等大小的甲虫和体长最大的甲虫的大小差距，正如一个 1.8 米高的人和一个 73.2 米高的人的身高差异。此外，即使是体长 5 毫米的平均体形的甲虫，也会使体长是其 1/12 的最小甲虫形如侏儒。因此，刘易斯·卡罗尔（Lewis Carroll）的《爱丽丝梦游仙境》出现在昆虫学鼎盛的 19 世纪也就不足为奇了。当时，观察昆虫的显微镜和介绍昆虫的书籍已进入寻常百姓家，为越来越多的公众了解周围自然世界中惊人的大小差异提供了条件。

鞘翅目昆虫学家是昆虫学领域专门研究鞘翅目昆虫的人士，他们非常清楚将甲虫进行分类所面临的挑战。要对甲虫准确、彻底地分类，需要探明标本间细微的差别，而这项艰巨的任务，常常令鞘翅目昆虫学家不知所措，因为大多数当代鞘翅目昆虫学家只研究一个科或亚科，甚至可能只研究在某个特定地理位置生活的一个科或亚科，因此他们的昆虫学研究仅局限于这一小分支。昆虫学家经常把甲虫视为昆虫世界的佼佼者，但甲虫自身的复杂性也令昆虫学家异常头疼。正如著名的鞘翅目昆虫学家 R. A. 克劳森（R. A. Crowson）所言，甲虫不断给实验室研究带来麻烦，其复杂性也是昆虫世界中独一无二的。这是因为，没有任何一种特性是所有甲虫共有而其他昆虫不具有的；也没有任何一种特性是其他昆虫所有，而鞘翅目昆虫（至少部分）所不具有的。

像其他动物一样，甲虫的繁衍生息既要看天时，也要看智慧。有些甲虫的栖息地比较特别，比如洞穴，洞穴的坍塌可能意味着生命的终结。但总体来讲，鞘翅目甲虫适应能力强，能适应地球不断变化的环境。它们体形相对较小，这使它们可以栖息在许多其他潜在竞争物种无法栖息的地方，而反过来，栖息地又影响了甲虫的生命周期和形态的多样性。

人类要想客观、系统地了解甲虫，就需要了解它们令人咋舌的多样性，而甲虫的多样性似乎跟人类开了个玩笑，帮助甲虫逃避完整的分类。严谨的科学文献告诉我们，甲虫"或夜间活动，或白天活动；寿命或长或短；或引人注目、

易于辨别，或毫不起眼、善于伪装；或受惊扰后后退撤离，或隐藏在鞘翅下"。而在大众文化中，甲虫常常代表奇妙多彩、令人惊讶的自然多样性。虽然普通人没有仔细观察过甲虫，但它们无处不在的美感促使我们发自内心地喜爱甲虫，并帮助我们设计出丰富多彩的甲虫图案。尽管鞘翅目昆虫学家的研究烦琐、枯燥，但公平地说，他们中的许多人都热爱甲虫，而且他们并不是唯一热爱甲虫的人。甲虫是最受欢迎的昆虫之一，可能也就蝴蝶（鳞翅目昆虫）能与之匹敌。甲虫之所以受欢迎，很大程度上是因为有的甲虫拥有经久不衰的魅力，如犀牛甲虫、圣甲虫等。另外，在世界各地的文化中，甲虫不断变化的新形态，或许正是最能引发人类想象力的地方。

甲虫的神话史源远流长，我们将在下一章讨论。那么，甲虫的生物学故事又是怎样的呢？以下这个经常被提及的经典轶事或许能回答这个问题：20 世纪生物学家 J.B.S. 霍尔丹（J. B. S. Haldane）在回答"通过研究大自然，你能发现造物主喜好什么？"时，他说："造物主过度喜好甲虫了。"如果大自然是全能的上帝创造的，那么根据我们现在对甲虫生存范围和多样性的了解，这个回答顺理成章，在意料之中。古生物学家从古生物学角度，讲述了同样引人注目的另外一个故事。

如今，甲虫成功地适应了世界各地的陆地和淡水环境。然而，历史上，地球经历过一场巨大的灾难，许多物种灭绝，这也为甲虫在地球上的优势地位创造了理想的条件。二叠纪 - 三叠纪灭绝事件，也被称为恐怖的"大灭绝"

Anoplognathus Leach, 1815

parvulus Waterhouse, 1873

圣诞甲虫
（ *Anoplognathus parvulus* ）。

（the Great Dying），包含两个不同阶段，开始于大约 2.51 亿年前。这是迄今为止地球历史上最彻底的灭绝时期。据说，在这一漫长的灭绝"事件"中（原因尚未明确），96% 的物种遭到灭绝。这表明，目前生活在地球上的所有生物都是从幸存的 4% 的物种进化而来。二叠纪 - 三叠纪灭绝事件也造成了昆虫唯一一次大量灭绝，而甲虫是昆虫中第一批复原的物种之一。化石记载了 2.7 亿年前下二叠纪原鞘翅目（顾名思义，甲虫的早期形式）的一些标本。这些标本就是如今甲虫的祖先，这表明在大灭绝发生前的大约 2000 万年，就开始出现"甲虫"了。然而，已知的最古老的真正鞘翅目化石可以追溯到约 2.3 亿年前的中三叠纪，这说明鞘翅目是与双翅目一起出现的。双翅目也引人注目、数量繁多，苍蝇就是常见的双翅目昆虫。

　　尽管甲虫在地球上生存已久，但它们的生理结构与脊

六月甲虫
（*Dinacoma caseyi*）。

20

椎动物的生理结构不同。和所有昆虫一样，甲虫是无脊椎动物，这意味着它们没有脊柱。从隐喻的角度来说，这是个不好的消息，因为我们常常用"脊柱"来代表"骨气"和"勇敢"，骗子和懦夫通常被称为"没有骨气的人"。甲虫的身体由天然甲壳素纤维构成的坚硬外骨骼支撑着，它们的头部有一组类似大脑的神经中枢——神经节。甲虫都有一对触须，这可能是昆虫最具代表性的特征，触须有助于感知周围的环境，并探测到从遥远的地方传来的信息素和食物的气味。当然了，甲虫种类不同，触角结构也大不相同：有的又短又粗，有的比甲虫身体还长，还有的呈纤细的枝状，类似于蕨类植物。

甲虫的眼睛是复眼，通常比较大，由许多晶状体组成。正如人们所料，甲虫眼睛的结构取决于所处的环境：穴居的甲虫眼睛小，或退化为装饰性眼睛（或者根本就没有眼睛），而其他甲虫则有与苍蝇类似的大眼睛。少数甲虫的头顶上长有单眼——像小眼睛一样的原始感光器官。甲虫眼中的世界是什么样的？这个问题虽然很难回答，却吸引了很多人思考。被誉为"悖论王子"的英国作家 G.K. 切斯特顿（G. K. Chesterton）曾经陷入深思：

> 甲虫可能比人类低等，也可能不比人类低等——这有待于证明。如果甲虫比人类低等的话，那么事实仍然是，甲虫也有它们的世界观，只是人类完全不知道而已。如果人类想要了解甲虫的世界观，却一味地陶醉于自己不是甲虫这一事实，就很

难实现这个愿望。

我们可能永远都不知道甲虫眼中的世界是什么样的，但我们可以有把握地说，甲虫看到的大部分世界模糊不清。据说有些甲虫可以识别颜色，许多用彩色陷阱做的实验都证实了这一说法。

甲虫的口器形态各异，但通常由上颚（在咀嚼时水平移动的剪刀状上颚）和下颚组成。口器通常用于捕获和杀死猎物、防御、藏身、咀嚼食物等。许多捕食性甲虫在将猎物固定住后，会将酸性消化液注入猎物体内，待猎物溶解后再吸食。

甲虫的大部分肌肉都在胸部，胸部与头部相连，分为三部分，每一部分长有两条腿。甲虫身体最大的部分通常是腹部，腹部形态各异，内含重要器官、脂肪储备和水分。甲虫呼吸氧气，但没有肺。它们通过气门吸收空气，气门即排在身体两侧的小孔。这些气门形成"管状"网络，将空气直接带入细胞。甲虫没有循环系统，内部器官浸浴在"血淋巴"中——一种无色、黄色或绿色的液体。在心脏的协助下，这些液体在甲虫运动时可在体内自由流动。甲虫身体被压扁时，血和淋巴液会四处飞溅，因此甲虫以"黏糊糊"而闻名。

甲虫有相对复杂的生殖系统，其繁殖方式与人类的繁育方式非常相似。大多数甲虫都属有性繁殖。雄性甲虫有用于产生精子的精巢、用于储存精子的贮精囊和射精管。有些甲虫通过单性繁殖方式繁殖，即卵子不经受精，直接

一只巨大的雄性长颈鹿象鼻虫(*Trachelophorus giraffa*)守卫着一只钻孔产卵的雌性象鼻虫。

产生后代，但这种情况相对较少。

和许多昆虫一样，甲虫的生长发育经历4个阶段：卵、幼虫、蛹和成虫。变态是昆虫生命历程中最神秘的一面，它跨越不同文化，对人类的想象力产生了数千年的影响。变态是昆虫学家所能观察到的最令人着迷的事件之一，尽管现代科学可以解释大多数"变态"过程，但在历史上，变态过程一度被视为奇迹。

甲虫的卵大小不一、颜色各异。大多数卵为乳白色，呈圆形或椭圆形。有些甲虫一次会产下大量的卵，而有些甲虫，比如圣甲虫，可能只产下一枚卵。这些卵或藏在一个安全的地方，或随意散落，取决于准妈妈是否会留在身边照看这些卵（大多数情况下，甲虫不会照看这些卵）。幼虫通常在春季从卵中孵化出来，许多幼虫拥有咀嚼式口器，通过咀嚼卵皮（即绒毛膜），来到这个世界上。

众所周知，不同种类的甲虫幼虫差别很大。有些幼虫，比如鹿角虫的幼虫，是胖乎乎、不起眼的蛴螬；有些幼虫，如潜水甲虫的幼虫，是食肉幼虫，长得比较像成虫；还有

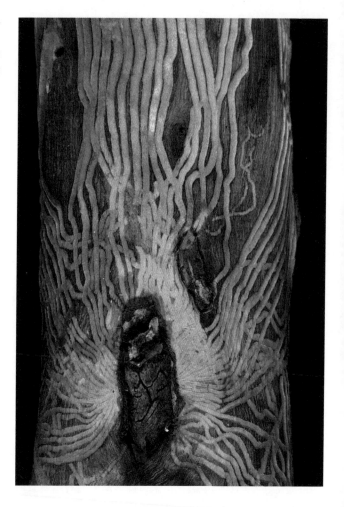

一只澳大利亚天牛幼虫蛀过的痕迹，堪称画廊。天牛在树皮上产卵，其幼虫是典型的蛀木虫。

一些幼虫，如拟步甲的幼虫黄粉虫，类似于长蛆。不管怎么说，幼虫的首要任务是不断进食，而且要吃得好。大多数甲虫在幼虫期度过生命的大部分时间，它们不断进食、快速生长和蜕皮。有些甲虫在幼虫期只会增大体形，蜕皮两三次，而有些甲虫（如斑蝥虫，又称为"西班牙苍蝇"）会经历不同的幼虫阶段，称为龄期，每个龄期甲虫形态都发生显著改变。幼虫期持续的时间主要依赖于幼虫发育的环境。在转瞬即逝的短暂环境（如尸体）中发育的幼虫，必须在食物来源枯竭或耗尽之前迅速发育。同样，以新鲜叶子为食的幼虫必须尽快度过幼虫期，因为它们的食物来源特别依赖于季节条件。然而，那些生活在厚重木材中的幼虫，往往可享受相对较长的幼虫期。例如，红毛窃蠹，又名报死虫（*Xestobium rufovillosum*），在化蛹之前可能要在木材中生活很多年。营养物质含量低的干木材通常会减缓幼虫的发育。例如，已经建造了几十年的房屋，其木材中可能会冒出天牛（天牛科）来。

幼虫化为蛹后，不食不动，为化为成虫做准备。有些末龄幼虫会寻找一个安静、安全的地方，构筑蛹室，为蛹

正在吃李子的金花金龟，又名玫瑰金龟子（*Cetonia aurata*）。

化做准备；而有些幼虫则直接露天蛹化。大多数蛹非常敏感，轻微的干扰也会对它们的变形产生毁灭性的影响。甲虫种类不同，其蛹的外观也不相同，但多数情况下，蛹内形态开始接近它们最终的成虫形态。有些种类的蛹期长，可达一年，而有些种类的蛹期短，只需几天就能完成。成虫破蛹而出时，它们的颜色可能还没有那么鲜亮，它们的角质外骨骼可能还没有完全坚硬，然而这些很快就会变得完善，让成虫能够迅速适应外界环境。一般来讲，雄虫和雌虫外观上存在显著差异，同性之间外观差异也会存在。有些种类的甲虫成虫寿命只有几周（比如圣诞甲虫），有些种类的甲虫成虫则可生存长达 12 年。总体来说，成虫阶段是甲虫一生中最短的时期。

甲虫生命如白驹过隙，因此它们采用各种方法来弥补短暂的一生。除了转变形态外，甲虫还拥有许多化学防御方法，防止"英年早逝"，比如射炮步甲，又名放屁甲虫，当受到威胁时，它的腹部会喷出一种炽热的腐蚀性液体，并发出"砰"的声音。水生甲虫豉虫（*Dineutus hornii*）被大嘴黑鲈鱼捕捉时，会分泌一种奶油状、刺激性的黏液。于是鲈鱼会把豉虫吐出来，吸入更多的水来冲洗口腔里的黏液，然后再吞下豉虫。如果豉虫能一直排出刺激性黏液，鲈鱼最终会由于厌倦冲洗口腔，而让豉虫逃脱。在发现这一现象之前，人们对水生昆虫的臭味防御机制基本一无所知。

豉虫分泌的化学物质令鱼反感，而另一种甲虫分泌的化学物质则于鸟至关重要，这就是拟花萤科 *Choresine* 属甲虫，目前人类研究相对较少。2004 年，大量详尽证据证明，新几内亚林鵙鹟属（*Pitohui*）和蓝顶鹛鹟属（*Ifrita*）鸟类吞食拟花萤科 *Choresine* 属甲虫，以"囤积"类固醇，即蟾毒素（一种在美洲有毒蛙类身上发现的毒素），防御捕食者。由于鸟类自身不太可能产生这种非常罕见的毒素，因此这种毒素很可能来自外部。此外，甲虫自身也不会合成类固醇，所以 *Choresine* 属甲虫可能是从植物或细菌中获取的毒素。还有更有趣的例子，雄性隐翅虫（*Aleochara curtula*）将难闻的化学物质注入与之交配的雌虫体内，使得雌虫在竞争对手面前没有吸引力。因此，一旦它们的卵受精后，雌虫便不会再受到"性骚扰"或其他干扰。

尽管甲虫在地球生态系统中占据着至关重要的位置，生活也如史诗般复杂，但它们的成功很大程度上是因为能够隐身于人类视线之外。正如大卫·爱登堡（David Attenborough）在 BBC[①] 系列昆虫纪录片中所言，甲虫通常喜欢生活在低洼的地方、人类看不见的地方，或在"灌木丛"中。许多甲虫是伪装高手，能够伪装成它们赖以生存栖息的植物（活植物或枯死植物）。在某种意义上，昆虫的隐秘世界象征着人类的潜意识——它就在那里，与我们同在，无论我们走到哪里，它都引导着我们的日常生活，虽然我们意识不到。甲虫——特别是不受欢迎的甲虫——闯入我们的日常生活，进入我们的意识领域，代表了一种"被压抑的回归"，使人想起了一个分析潜意识的故事。在这个广为流传的故事中，出于"巧合"，卡尔·荣格（Carl

---

① BBC：British Broadcasting Corporation，英国广播公司。

Jung）利用圣甲虫，调节了病人的意识状态。根据卡尔·荣格的回忆，他曾治疗过一位"心理设防，不肯吐露内心"的女性病人，用荣格的话来说，她秉承了"高度精练的笛卡儿理性主义，脑子里充满了无可挑剔的'几何'概念"。换句话说，她需要"放松"，需要认识到潜意识活动是导致她情绪出现波动的一个因素。这位女病人曾向荣格描述了一个梦境，在梦中有人送给她一枚金圣甲虫胸针。荣格写道：

> 她向我描述这个梦境时，我听到身后有东西在轻轻扑打着窗户。我转过身来，看见一只巨大的飞虫在撞向窗棂，显然是想飞进这间黑暗的房间。我

一种原产于南非的小蜂窝甲虫（*Aethina tumida*）。幼虫钻透蜂巢，吃掉蜂蜜和花粉，杀死幼蜂，最终破坏蜂巢。

觉得很奇怪，于是立刻打开窗户，抓住了这只飞虫。它是一只金龟子，或者说是普通玫瑰金龟子，通体金绿色，与金圣甲虫非常相似。我把这只金龟子递给我的病人，对她说："这就是你的圣甲虫。"这次经历找到了她理性主义的漏洞，打破了她的心理防线，使后续治疗效果令人满意。

当然，荣格博士并不是为了记录这次成功的心理诊疗经历，而是为了唤起读者对自己理性主义的"批判"，以达到治疗的效果。这是荣格讲解"同步性"时经常采用的一个经典例子，它鼓励读者停下来反思那些饶有意义的巧合，尤其是那些与昆虫有关的巧合，而不是假借"虚构和想象"的名义，掩饰那些巧合。

我承认，在伦敦时，我曾有过类似的经历，邂逅过一只甲虫（虽然可能没那么"发人深省"）。我去伦敦的目的非常明确，就是为了完成此书的初稿。那时候，我满脑子都是甲虫。我的小卧室只有一扇窗户，昆虫不太容易光顾。但我刚到几分钟后，一只黄色瓢虫出现在我的膝盖上。也许"她"是从外面繁忙的街道上搭上我这辆顺风车而来的，但是即使在外面的街道上，也很难看到瓢虫。不管她是怎么来的，我都忍不住停下来，享受这个不期而遇的时光。我让这只瓢虫爬到我的手上，以便近距离仔细观察它。看着这只小瓢虫一会儿这边爬爬、那边爬爬，一会儿停下来仔细擦拭自己的触角，我惊叹不已。最后，我把这只瓢虫从窗户放了出去。甲虫与人类邂逅时，他们之间存在什么

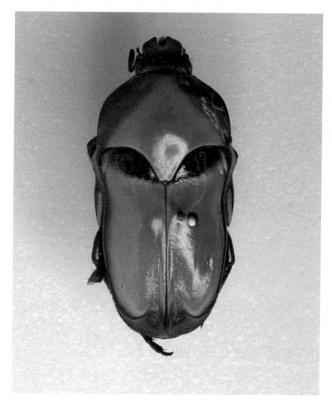

一种花金龟
(*Ischiopsopha
bifasciata*),在澳
大利亚分布较广。

联系，是不能完全用生物唯物主义来解释的。毋庸置疑，甲虫在自然界中的地位至关重要、引人入胜，但这还不是全部——甲虫（事实上是昆虫）也是虚无缥缈、充满感性的人类思维中不可或缺的组成部分。

　　甲虫被人类视为"生态系统中的害虫"，通常是指甲虫危害农作物或食物储备，并带来了灾难性后果。例如，19世纪70年代发生的史上最严重的科罗拉多甲虫"入

（对页）美洲腐尸
甲虫（*Necrophilia
Americana*）。

东部非洲花甲虫
（*Stephanorrhina
guttata*），发现于
喀麦隆和尼日利亚。

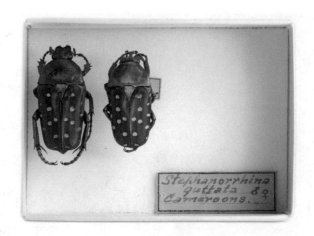

侵"事件。其他的入侵事件，如山松甲虫（*Dendroctonus
ponderosae*）入侵松林，造成松林大面积死亡，目前加拿
大不列颠哥伦比亚省正遭受此虫害。博物馆必须警惕标本
圆皮蠹（*Anthrenus museorum*），其幼虫嗜好动物纤维，可
能威胁馆藏珍品。甲虫确实会对人类农业和文化生活造成
重大影响，也会对人类心理产生影响。但由于绝大多数甲
虫既不叮咬人，也不传播疾病，似乎也不会直接干扰现代
城市环境和家庭环境，因此人们通常认为它们比其他昆虫，
如苍蝇、蚊子和蟑螂等，更安全、更干净、更可爱。我们
常常不会伤害经常见到的甲虫，甚至对它们充满好奇和崇
敬，而会拍死、喷死或压扁其他不常见的"害虫"。总体
来讲，人们认为"甲虫"并不恶毒或邪恶，而那些色彩绚丽、
五颜六色的甲虫，反倒看起来非常迷人，可与精致优雅的
蝴蝶和飞蛾相媲美。打死这些"活着的珠宝"似乎是在摧
毁一件艺术品，让人于心不忍。

（对页）澳大利亚
天牛（*Demelius
semirugosus*）。

Demelius Waterhouse, 1874

48759-48761

semirugosus Waterhouse, 18[?]

由于甲虫富有魅力，没有攻击性，因此长久以来，它们是成人和儿童的宠儿。这意味着，从一开始，它们就有资格与人类建立一种特殊的关系，而这种关系只有少数昆虫才能享受。接下来的几章将探讨甲虫与人类这种跨越了自然、文化、科学和神话传统边界的关系。当然了，甲虫自己并不懂这些区别。

第二章 甲虫与神话

> "墙里的石头必呼叫，房内的栋梁必应声。"那么，栋梁里的甲虫也必应声。
>
> ——出自《哈巴谷书》第二章第11节。

粗略阅读关于甲虫的记载，人们会发现在不同文化中，甲虫有不同的寓意。甲虫最早的寓意来源于神话，具有象征性。即使到了现代世俗社会，甲虫的寓意在某种程度上也保留了它们古代寓意的痕迹。这也许不足为奇，因为人类的大部分历史发生在自然环境中，人类与其他动物进行非科学接触是一种常态。长期以来，昆虫一直与超自然和神秘联系在一起，这在很大程度上是因为在很长一段时间内，人类并不了解昆虫的起源和生命周期。比如，至少在17世纪末前的欧洲，人们认为许多昆虫是从死亡物质和腐烂物质中"自发产生"的。

甲虫具有象征性，扮演着各种各样的神话角色。在神话和宗教史中，甲虫显得尤为重要，特别是圣甲虫（金龟子科）。值得注意的是，自古以来，圣甲虫在不同文化的神话中均有出现——在古埃及以及非洲刚果文化中，圣甲虫象征着创造、复兴和重生；在早期基督教中，圣甲虫象征着耶稣和复活；在中国文化中，圣甲虫象征着自发而生。

《朝圣者的来访》
（ *Adoration of the
Magi* ），这幅木板
油画的右下角是一
只鹿角虫，由阿尔
布雷特·丢勒
（ Albrecht Dürer ）
创作于 1504 年。

　　圣甲虫在不同文化中被赋予相似寓意，这似乎表明，
这种特殊的甲虫，通过其生命周期的不同阶段，向我们
"传达"了一条深刻的文化信息。死后重生的概念是否
早于人类早期对昆虫变形的观察，并独立发展而来？还
是说灵魂不朽的概念——世界上许多宗教的本质——直
接来自对昆虫生命周期的象征性解释？查尔斯·L.霍格
（ Charles L. Hogue ）创立了"文化昆虫学"这一相对晦涩
复杂的研究领域。他声称，昆虫在发育变态过程中的这

36

种显而易见的变化，促使毫无关联的文化不约而同地将有翅成虫视为灵魂的象征。这种解释非常有趣，但归根结底，用大家熟知的表达来讲，这可能是"先有鸡还是先有蛋"的问题。至少可以这样说，人类观察到昆虫从貌似死去的茧或蛹中"复活"，这一现象印证了人类的宗教信仰，即死亡仅仅是通往更"完美"形式或状态的预备阶段。从这个意义上（以及其他意义上）说，昆虫确实在宗教史上占有重要地位。

在众多给文物艺术品创作带来灵感的昆虫中，甲虫似乎最早崭露锋芒。迄今为止，最古老的昆虫雕塑是甲虫雕塑，据说原型是一只埋葬甲虫。埋葬甲虫，也称为司事甲

巨大的圣甲虫雕塑，创作于埃及新王国时期的第18王朝。

古埃及侏儒圣甲虫
（公元前 664—前
525 年）。

虫或腐尸甲虫，属葬甲科（*Silphidae*），它们将小型哺乳动物的尸体埋藏起来，作为幼虫的食物来源。埋葬甲虫大多黑色，鞘翅上有红色的斑纹。值得注意的是，雄虫和雌虫都会照顾幼虫。25 000~30 000 年前，人们用煤块制成埋葬甲虫状的吊坠，挂在脖子上，当作装饰品。

一枚吉丁虫状的褐煤吊坠可以追溯到旧石器时代晚期。该吊坠雕刻成吉丁虫形状，几乎可以肯定，是用来戴在脖子上的，可能是作为护身符。吉丁虫拥有金属光泽的外壳，彩色绚丽，蛀食树木枝干。由于它们外观鲜艳，极富吸引力，也被称为"宝石甲虫"。在品种繁多的甲虫家族，由于吉丁虫拥有五彩斑斓的外观，能引起早期人类的注意也不足为奇。在法国勃艮第（Burgundy）大区屈尔河畔阿尔西（Arcy-sur-Cure）发现的吉丁虫吊坠，以及前文提及的煤制埋葬甲虫饰品，都是有力的实物证据，证明了鞘翅目昆虫在人类早期文化生活中占有一席之地。虽然很难猜测制造这些文物的文化和个人想要表达的准确寓意，但人们认为，这些文物本身就表明了它们所代表的甲虫确实体现了重要的价值，再现甲虫的形状可以传达或至少能体现这些价值。说得肤浅一点，这些甲虫（特别是吉丁虫）赏心悦目，而在人类观察自然的过程中，视觉上的愉悦是自古以来根深蒂固、举足轻重的文化实践活动。

昆虫学家伊夫·康伯福（Yves Cambefort）建议，要研究甲虫在古代文化中的影响，可以求助于当代民族昆虫学的发现。民族昆虫学主要研究昆虫在土著文化中的文化

38

地位。一般来说，在土著文化中，甲虫之所以重要，原因有两点：一是甲虫是重要的食物来源；二是甲虫有飞行能力。这两点正是与深层寓意相通的外在方面。在许多土著文化中，人们认为萨满就像各种各样的甲虫一样，能够上天入地，解决天上和地上的问题。

由猎鹰和侏儒组成的埃及护身符，头上是一只圣甲虫，创作于公元前724—前31年后王朝时期至托勒密时期。

　　为了理解甲虫在传统文化、土著文化和萨满文化中承载的寓意（以及将来继续承载的寓意），我们必须首先认识到，在这些文化中，人们认为甲虫具有神圣属性或神秘属性。其中，许多属性与被现代西方文化排除在外的萨满教经历有关。康伯福指出，许多萨满文化将甲虫纳入了他们的创世神话中。在南美洲一些土著部落，人们认为一个名为阿克萨克（Aksak）的巨大圣甲虫用陶土塑造了男人和女人。在印度尼西亚苏门答腊岛多巴的创世神话中，人们认为一只巨大的圣甲虫从天上带来了一个物质球，形成了世界本身。在印度和东南亚雅利安文化之前，人们认为最初的创世者是一种潜水甲虫。无独有偶，北美印第安土著部落切诺基人的神话认为，一种水甲虫潜入水下世界，带回泥土创造了陆地，形成山脉和山谷。刚果民主共和国的布霜果族的创世传说认为，世界之初，漆黑一团，唯水茫茫。至高无上的造物主奔巴（Bumba）饱受胃痛之苦，倾吐出了这个世界。倾吐的过程也有顺序：首先是太阳、月亮和星星，接着是各种动物，最后是人类。随后，奔巴倾吐出的动物继续创造它们的同类：圣甲虫是最初的昆虫，因此，圣甲虫创造了其他昆虫。居住在科奇蒂的普韦布洛

胸前项链，是图坦卡蒙（Tutankhamun）的陪葬品。其中，深青色圣甲虫代表太阳神，两侧有两只狒狒（约公元前1323年）。

印第安人的神话认为，银河系是由一只松形甲虫（伪金针虫属）创造的。松形甲虫的职责是在天空中放置星星。由于这只松形甲虫的傲慢和粗心，星星掉了下来，于是形成了银河系。这只松形甲虫对自己所做的一切感到非常羞愧，时至今日，一有动物靠近它，它就把头藏进土里。这个神话不仅解释了昆虫的行为，还解释了银河系的起源。

吉丁虫的鞘翅曾被用来装饰陪葬品，从图坦卡蒙（公元前 14 世纪）陵墓中发现的一些陪葬品可证明这一点。而在日本，7 世纪时法隆寺的国宝"玉虫厨子"全部贴有吉丁虫的鞘翅。中国道教关于入静冥想的典籍《太乙金华宗旨》中，蜣螂也曾出现过，象征着对精神不朽的追求：

> 蜣螂滚动小球，由于它聚精会神，生命由此而诞生。现在，即使在粪肥中，幼虫也能发育并生出"外在"皮肤。如果我们屏神静气，我们的精神为什么就不能生成身体呢？

毫无疑问，圣甲虫，即蜣螂（*Scarabaeus sacer*），是公认的具有神圣意义的甲虫，受到古埃及人虔诚的崇拜。古埃及人不像现代鞘翅目昆虫学家那样对甲虫进行分类，这意味着甲虫的众多类群，包括圣甲虫神凯布利（*Kheper*）、圣甲虫（*Scarabaeus*）、侧裸蜣螂（*Gymnopleurus*）、粪蜣螂（*Copris*）和神农蜣螂（*Catharsius*）在内的所有金龟子科，在古埃及神话中都扮演着重要的角色。在埃及人看来，

古埃及圣甲虫，有独立的翅膀，创作于公元前712—前342年。

蜣螂代表"创造"，象征着"太阳"，意思是"成为、发展，存在、形成"。圣甲虫神凯布利（Kheper，Cheper 或Khepri）是古埃及太阳神拉（Ra）的众多神格之一，是早上的太阳神。太阳神拉的画像头顶上常常有一只圣甲虫，有时则直接用圣甲虫充当它的头部。

在埃及人眼中，不起眼的蜣螂之所以变得伟大而神秘，这是由于他们根本不了解蜣螂的生命周期。当时人们普遍认为蜣螂都是雄性的，而且是无性繁殖的，这与雄性神"可自生"的说法不谋而合。此外，圣甲虫将粪推成球状，在地面上滚动后再连同自己掩埋，这一习性被认为象征着太阳穿越天空，随后"埋入"土中，第二天再重生（对圣甲虫来讲，15~18周后再从地下重生）。这就是人们对圣甲虫在埃及文化中地位的解释，至少公元 1 世纪的普鲁塔克（Plutarch）在《伊西斯和奥西里斯》（*On the Worship of Isis and Osiris*）里是这样记载的：

古埃及的侏儒圣甲虫（公元前 1292—前 1070 年）。

> 他们认为，在甲虫整个物种中就没有雌性。雄虫将"种子"产到某些圆形或梨状粪球中，来回推动和滚动粪球，从西推到东，正好与太阳的运动方向截然相反。

现在我们知道，雄性蜣螂把粪球藏在土穴里实际上是为幼虫储备食物来源。它们在粪球滚过的某个地方挖掘土穴，或者直接在粪堆下面挖掘。雄性或雌性蜣螂推出梨状粪球后，雌性蜣螂将卵产入其中，幼虫在孵化球中孵化，直到发育为成年蜣螂才破球而出，开始新一轮的循环。不过，古埃及人似乎对雌性蜣螂和它在地下的劳作一无所知，古埃及人认为只是雄性蜣螂在粪球里播种"种子"，它的后代之后就从粪球里出来了。这让古埃及人将蜣螂神化为圣甲虫神凯布利。凯布利被视为每天清晨重生的太阳，拥有神圣的力量。古埃及人还认为甲虫也与阿图姆（Atum）有关。在埃及神话中，阿图姆创造了宇宙，同时也是自发而生的。

具有彩绘羽毛的太阳盘上绘着有翼圣甲虫神凯布利，创作于公元前 724—前 343 年，埃及王朝末期的第 24 至第 30 王朝。

由于蜣螂与"重生"紧密相关，雕刻其形象在古埃及非常流行，后来流行至整个地中海地区。人们大批量雕刻

蜣螂，当作"幸运符"。罗马人会戴上带有圣甲虫图案的护身符戒指，人们甚至一度认为用绿宝石雕刻的圣甲虫可以改善视力。因此，按照当时流行的习俗，雕刻宝石的人每天都要定时注视圣甲虫的雕像。在埃及，圣甲虫常随死者一起被安放在墓室里（通常放在死者心脏上方），圣甲虫的腹部刻上《死亡之书》（*Book of the Dead*）里的铭文。一段常见的铭文是"哦，我的心，不要起来反对我"，旨在恳请奥西里斯（Osiris）——古埃及神话中的冥王和亡灵判官——的宽恕。

最早有文献记载的一个甲虫艺术品是一个小小的雪花石膏盒，可以追溯到公元前 3000 年左右的埃及第一王朝早期。据英国埃及古物学家弗林德斯·皮特里（Flinders Petrie）称，该雪花石膏盒用来盛放项链，上面刻有栩栩如生的甲虫图案。圣甲虫图案也被雕刻到用以确立财产真实性和所有权的印章上。虽然有些圣甲虫艺术品是用金、银或青铜制成，有些圣甲虫艺术品是用各种各样的石头制成，但大多数圣甲虫艺术品是用滑石制成的，因为在自然状态下，滑石质地柔软，易于雕刻。雕刻完毕，将其浸入高温液体釉中，使圣甲虫着色，或蓝或绿，并在固化过程中产生光泽。圣甲虫艺术品研究者很快发现，研究圣甲虫艺术品最大的麻烦在于，它的数量实在太多了，而且除了那些用模具制成的圣甲虫艺术品外，每只圣甲虫艺术品都与众不同。从这个意义上说，圣甲虫反映了昆虫的多样性问题。从古埃及古王国末期到第 18 王朝早期，圣甲虫制造史有 9 个鲜明的阶段，每个阶段都生产制造独具特色的圣甲虫艺术品。

然而，有些人认为，在地中海、中东和北非的古代文化中，圣甲虫的影响远远不只体现在制作工艺印章和护身符上。1975 年，霍格偶然发现，人们可能将蛹视为幼虫的死亡，而幼虫神奇地蜕变成华丽、会飞的成虫，代表了奇迹般的复活。因此，人们将木乃伊设计成蛹状，也寄托了同样的寓意。20 世纪 80 年代，康伯福肯定了这种说法，声称埃及木乃伊很可能是在模仿圣甲虫蛹，木乃伊只是暂时的过渡状态，目的是保护躯体，帮助它完成复活前必须经历的变形（埃及语称为 khepru）。此外，康伯福还观察到，截去顶部的粪堆（一些成年圣甲虫从中出现）类似于金字塔的横截面，这意味着，这些气势宏伟的金字塔建筑实际就是仿照粪堆精心制作的模型。但这一解释并未获得埃及古物学家的广泛认同，康伯福的解释是基于目前埃及人对

发现于塔斯马尼亚
岛和澳大利亚东部
和南部海岸的蜣
螂（*Onthophagus
australis*）。

他们木乃伊制作实践的认识，还是仅仅因为两者具有表面相似性，人们也不得而知。康伯福评论道："一些迹象表明埃及的牧师曾考虑过考察蜣螂的粪球埋在地下时发生了什么，他们可能观察过昆虫的蜕变，这比伟大的法国昆虫学家、昆虫知识的普及者让 - 亨利·法布尔早了大约 5000 年。"但由于没有确凿证据证明埃及人研究或了解甲虫蜕变的过程，因此康伯福的解释很可能只是基于两者具有表面相似性。

即便如此，我们也不能完全否认举世闻名、经久不衰的埃及宗教和建筑成就最终都要归功于甲虫的说法。昆虫爱好者和专业昆虫学家常常把昆虫的工程壮举与人类的工程壮举相提并论，法布尔就这样描述过圣甲虫：

　　圣甲虫配有各种各样的工具：有的用来搬运粪
　便，把它分成小块，加工成形；有的用来挖出深深的洞穴，埋藏战利品。人们对此赞叹不已。这套工具就像一个科技博物馆，各种挖掘工具一应俱全，有些工具似乎是从人类工业文明中抄袭而来，有些工具造型独特，也许能供人类模仿借鉴，制造出新的工具。

关于甲虫在人类文化中的影响，还有一个更大胆的假想，由生物学家格哈德·舒尔茨（Gerhard Scholtz）提出，他认为甲虫使用的"轮子"，即滚过地面的粪球，启发中东人发明了轮子。当时，中东地区大量饲养已驯化的有蹄动物，蜣螂被它们的粪便所吸引，蜂拥而至。随着时间的推移，放牧人可能会观察到滚粪球的蜣螂，并从中获得了制造轮子的灵感。轮子的发明尤其重要，因为它将圆形物体的神秘性和实用性融为一体。此外，尽管人类观察自然，制造工具的历史由来已久，但轮子通常被认为是人类靠自己的智慧发明的，是一种"不依赖自然的文化成就"。或许，人类很难解释是如何发明这个"不依赖于自然"的轮子的。这样，舒尔茨就提出了一个有趣的（但最终是推测性的）解释，即轮子这一人类文明中应用最广泛的技术成就，本质上是受到了蜣螂在地面上滚动牲畜粪球的启发。同时，这也延伸出另一个问题：为什么埃及人不根据他们对蜣螂努力滚动粪球的观察，制造自己的轮子？——毕竟轮子这样的发明，相比其他工具，可能在金字塔的建造中更有用。

这种文化上的模糊性似乎是甲虫自身的基本特征——

尽管它们在人类文明"世界"的边缘徘徊和爬行，但它们在人类文化历史中的参与程度，却始终比我们认知的要深得多。举例而言，现在很少有人会把甲虫与圣母玛利亚联系起来。而历史上，这种联系却由来已久，尤其是在欧洲民间传说中。1865年，弗兰克·考恩（Frank Cowan）出版了关于昆虫在人类文化中的拓荒之作，该书介绍了瓢虫的传统民间寓意：在斯堪的纳维亚半岛，瓢虫是献给圣母玛利亚的，通常被称为 Nyckelpiga（意为"圣母的贴身女仆"）；在瑞典，瓢虫被称为 Jung-fru Marias Gullhona（意为"圣母玛利亚的金母鸡"）；在德国，瓢虫被称为 Frauen 或 Marienkäfer（意为"圣母瓢虫"）；在法国，瓢虫被称为 vaches Dieu（意为"上帝的奶牛"）和 bêtes de la Vierge（意为"圣母的动物"）。它的各种英文名字如 ladybird、

瓢虫。

48

继弗朗西斯·克莱恩之后，温斯劳斯·霍拉（Wenceslaus Hollar）于1665年创作了版画《老鹰与甲虫的寓言》。

ladybug、ladyfly、ladycow、ladyclock 及 ladycouch 都是在向圣母玛利亚致敬。

1597 年，瓢虫这个词出现在莎士比亚的《罗密欧与朱丽叶》中，带有"妓女"或"娼妓"的贬义。剧中写道，凯普莱特夫人（Lady Capulet）的保姆惊呼：

凭着我 12 岁时候的童贞发誓，

我早就叫过她了。喂，小绵羊！喂，小瓢虫！

上帝保佑！这孩子到什么地方去啦？喂，朱丽

叶！（第 1 幕第 3 场）

将瓢虫称为 lady 最早出现在英国诗人迈克尔·德雷顿（Michael Drayton）1630 年出版的《缪斯女神殿之八》（*the Muses Elizium Ⅷ*）一书中。书中讲述了仙女蒂塔（Tita）和一位仙子（或称为"精灵"）即将结婚，三位仙女为他们的婚礼做准备的故事。仙女梅尔蒂拉（Mertilla）担心她们忘了带蒂塔的高筒靴（齐膝布靴或皮靴），仙女克拉亚（Claia）回答道：

我们带了，我现在就给她穿上，

这些靴子像瓢虫：

背上的壳艳丽多彩，

深红色上点缀着黑点；

当她迈着庄严的步伐时，

她的腿将会非常优雅。

关于瓢虫的民间传说在德国尤为盛行，即使在今天，德国人依然使用瓢虫装饰品装饰圣诞树。在德国，就像包括英国在内的欧洲其他国家一样，人们认为瓢虫是好运的象征。德国这一传统的根源是这样的：最初，酿酒用的葡萄受到蚜虫侵害，农民祈求圣母玛利亚帮助拯救他们的庄稼。没过多久，红色的小瓢虫来了，它们几乎吃掉了所有

的蚜虫，不仅拯救了葡萄，也拯救了葡萄行业本身。农民认为他们对圣母玛利亚的祈祷得到了回应，所以为了纪念"她"，这些瓢虫被称为 Merienkafer（在德语中，Merien 意为"玛丽亚"，kafer 意为"甲虫"）。后来，瓢虫在美国被称为 ladybird 或 ladybug。

由此看来，瓢虫具有宗教和农业寓意。在历史上以及不同文化中，其他许多昆虫也被赋予过这种品质，说到此，《圣经》中的蝗虫立刻浮现在我们脑海里。2009 年，大量的亚洲瓢虫——异色瓢虫（*Harmonia axyridis*）——涌入德国汉堡和德国北部地区。异色瓢虫的突然涌入可能是由于夏季天气异常潮湿的缘故，或许从根本上来讲，这也是全球变暖的信号。2001 年，欧洲第一次在比利时发现亚洲瓢虫，从那时起，亚洲瓢虫就开始在欧洲大部分地区扩散。这些来自东方的"移民"，尽管被称为"外来入侵物种"，

《瓢虫，瓢虫，飞走吧！》是继安德森（Anderson）之后，G.G. 菲什（G. G. Fish）于 1872 年创作的版画。

遭到当地人排斥，却能确保当地蚜虫数量得到控制，给农民带来了巨大的利益。可以想象，在17世纪宗教盛行的欧洲，昆虫学知识较贫瘠，人们会怀着多么虔诚的心情，期待它们出现。

对英国读者来讲，他们最熟悉的关于瓢虫的民间传说莫过于一首流行的童谣："瓢虫，瓢虫，飞回家；你的房子着火了，你的孩子要被烧死了！"这首童谣可以追溯到18世纪早期，尽管听起来有点奇怪，但实际上这首童谣描述的是实实在在的现实：瓢虫的幼虫往往以生活在啤酒花藤

蔓上的寄生虫或蚜虫为食，而火是消灭这些蚜虫的传统手段。因此，当火点燃这些藤蔓时，瓢虫的"孩子"也因此而处于危险中。

有些甲虫代表了仁慈和恩典，而有些则完全相反。魔鬼隐翅虫（*Ocypus olens*）通常被认为是替魔鬼拉车的马。这种隐翅虫体长色黑，因食用金针虫（磕头虫的幼虫），对农民有益。受到惊扰时，它通常会摆出威胁的姿态，像蝎子一样翘起尾巴，露出上颚。在爱尔兰，威克洛（Wicklow）和沃特福德（Waterford）的民间传说将这种隐翅虫描述为魔鬼的化身：

> 在耶稣被出卖的前一天，他来到一片田地间，人们正在播种小麦。他赐福人类，于是小麦奇迹般地长起来。第二天，那些寻找耶稣的犹太人来到此处，见有一块麦地。他们问耶稣是否走过这条路，人们说，播种小麦时，他就已经离开了。"那是很久以前的事了。"人们说着，就转过身去。然而魔鬼化身的达拉格·道尔（Darragh Daol）——一只隐翅虫，抬起头说："就在昨天，就在昨天。"于是，耶稣的敌人继续追踪他。因此，无论何时遇到邪恶的隐翅虫，都应将其杀死。

但是要想杀死隐翅虫，如果用碾压的方法，会造成更多麻烦，因为无论是用拇指、靴子、石头或棍子，只要轻轻一压，其溅出的体液就会对人或动物造成致命的伤害。如此一来，要想杀死隐翅虫，只有一种正确的方法——用火。

从古希腊时代开始，欧洲各国将一种常见的粪甲虫

（*Geotrupes stercorarius*），与魔鬼联系在一起。雅典剧作家阿里斯托芬（Aristophanes）的喜剧《和平》于公元前421年上演，农夫特里盖斯（Trygaeus）让奴隶们用驴粪喂养一只粪甲虫，这只粪甲虫长到足够大时，农夫特里盖斯就可以骑着它去奥林匹斯山与宙斯会谈。希腊人认为粪甲虫是"魔鬼的骏马"，中欧的民间传说中也有类似的说法。在奥地利南部的卡林西亚（Carinthia），粪甲虫被称为Hexenkäfer，即女巫甲虫。根据当地的民间传说，如果农夫的妻子需要帮助，她所需要做的就是在腋窝里养一只女巫甲虫。3周后，一个只有拇指那么高的小个子男人将孵化出来，执行农夫妻子所有的命令。但一定不能带他进入教堂，因为一旦进入教堂，就会发生火灾。

在民间，粪甲虫也被当作天气预报员和算命师。欧洲还有很多传说，认为粪甲虫是女巫的熟人，是幽灵，并声称它有召唤宝藏的能力。有一个故事讲的是一只复仇心特别强的粪甲虫被驱邪仪式逐出房屋后，为了报复而将主持仪式的牧师的牛窒息致死。这些传说似乎充满了超自然的巫术。法国有个传说讲述了粪甲虫在各各他山钉死耶稣的十字架下喝耶稣的血——几乎可以肯定的是，这个传说是根据粪甲虫受惊扰时，会分泌一滴红色液体而来的。在奥地利的一些地方，粪甲虫也被称为"圣母的牛"，因为人们认为圣母玛利亚从埃及返回时，粪甲虫把自己拴在了马车的前面，为她提供了帮助。

有一些甲虫进行无性繁殖，因此与神的圣洁有着千丝万缕的联系。这种观点并非只有埃及人持有。在欧洲，这种观点至少一直持续到 16 世纪末，当时对昆虫的系统研究正处于萌芽阶段。托马斯·莫菲特（Thomas Moffett）的《昆虫的剧院》（*Insectorum sive minimorum animalium theatrum*）是英国第一本以昆虫为主题的著作，其首版为拉丁文，1634 年出版，1658 年出版了英文版。然而，收藏在大英图书馆的原始手稿可追溯到 1589 年，书中包含许多彩色插图，比出版版本的粗糙木版画精美得多。这部手稿内容复杂，囊括了 16 世纪前一些名人的作品集，包括托马斯·潘尼（Thomas Penny）、康拉德·盖斯纳（Conrad Gessner）和爱德华·沃顿（Edward Wotton）的作品。《昆虫的剧院》表明，当时欧洲的一些自然哲学家仍认为甲虫可自生。托马斯·莫菲特在书中谈到了一种带有"牛角"的甲虫——如今被称为"象甲虫"。

> 像其他甲虫一样，象甲虫没有雌虫，可自我繁殖，可在地面上产下幼虫。当约阿希姆·卡梅拉留斯（Joachim Camerarius）把这种从萨克森公爵（Duke of Saxony）自然物品收藏室得到的昆虫送给托马斯·潘尼时，他清楚地表达了这一点：
>
> 我不是爸爸生的，也不是妈妈生的，
> 而是由我自己生的。

当时的自然哲学家常常进行复杂的文化交流。托马斯·莫菲特书中象甲虫的插图，正是参照约阿希姆·卡梅拉留斯送给正在学习昆虫知识的托马斯·潘尼的象甲虫来

画的。约阿希姆·卡梅拉留斯配在图像旁边的诗文，后来也被他的朋友、微雕刻家乔里斯·霍夫纳格尔（Joris Hoefnagel）用拉丁文改写，用以搭配自己书中的鹿角虫插图。《昆虫的剧院》原稿中有一幅装裱精美的象甲虫插图，是托马斯·潘尼在1589年前画的，显然，乔里斯·霍夫纳格尔在1592年出版的《原型研究》一书里临摹了这幅插图。

Domine ne in furore tuo arguas me
neque in ira tua corripias me. Quoni
am sagitte tue infixe sunt mihi et con
firmasti super me manum tuam. Non
est sanitas in carne mea a facie ire tue et

　　人们误以为甲虫——尤其是鹿角虫——可以无性繁殖，这使人们可以借甲虫暗指耶稣。观察者要理解鹿角虫的这种象征意义，就需要了解它的繁殖周期——这似乎只有相对较少的自然哲学家才能胜任，当然限于当时的条件，他们的认识是错误的。1600年前后，在欧洲自然历史发展的背景下，传统观点和基督教融合，带来了一种独特的、理性研究动物的方法，这种方法不仅要展现动物，也

interrogauit Iesum unus ex phariseis legis doctor ten
tans eum, magister quod est mandatum magnum in le
ge. Magistrum uocat cuius non uult esse discipulus,
simplicissimus interrogator. Et malignissimus insi
diator: de magno mandato interrogat qui nec mini
mum obseruat. Ille eum debet et cætera.

要了解动物。自然历史学家使用图像的目的是促进人们对图像所描述内容的了解，而不仅仅是作为插图，装饰手稿。这种知识和图像之间的新关系特别适合于"准确""科学"地介绍昆虫——当时已知的最小的上帝创造物。

德国艺术家阿尔布雷特·丢勒的水彩画《鹿角虫》是最著名的昆虫画作之一，就是以这种方式创作的。这幅画完成于1505年，随后吸引了艺术家对昆虫的关注。阿尔布雷特·丢勒曾写道："的确，艺术在自然界中无所不在，真正的艺术家是能把艺术表现出来的人。"《鹿角虫》展示了活灵活现的自然主题：一只泰然自若、胸有成竹、高贵庄严的鹿角虫。这幅画色调饱和、栩栩如生，从而赋予了鹿角虫无限的深度，而当代画作中，昆虫大多数出现在边缘，所以缺乏这种深度。阿尔布雷特·丢勒之前至少画过两次鹿角虫。第一次是在1503年，鹿角虫出现在《兽群中的圣母》中，是明确的宗教场景，鹿角虫在画框的左下角，面对着场景中心。第二次是在1504年，鹿角虫出现在《朝圣者的来访》中，图画描绘了耶稣接受东方三博士（或"智者"）的礼物。在画框右下角的台阶上，一只放大的鹿角虫背对着他们。在这两幅画中，甲虫的存在是微妙的，但仍然引人注目。

特别值得一提的是，16世纪最后25年里，正是阿尔布雷特·丢勒的《鹿角虫》吸引了大批对昆虫感兴趣的人。1574年，汉斯·霍夫曼（Hans Hoffmann）的《鹿角虫》摹本使人们对阿尔布雷特·丢勒的自然研究重燃兴趣。从此，这幅画不断被研究昆虫和各种"微动物群"的艺术家

（对页）《红色土耳其帽百合、犀牛甲虫和石榴》，由乔里斯·霍夫纳格尔和格奥尔格·博茨凯（Georg Bocskay）于1561—1562年创作。

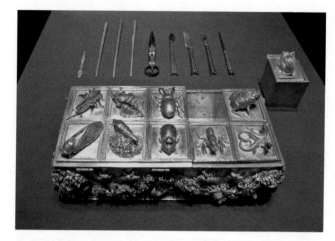

和学生临摹。我们有充分的理由相信，《鹿角虫》这幅画可能是欧洲最古老的甲虫图片，人们可以轻而易举地识别出鹿角虫这一甲虫物种。《鹿角虫》将分属不同领域的昆虫艺术和科学插图融合在一起，表明"科学"图像有其美学根源。

乔里斯·霍夫纳格尔是一位临摹阿尔布雷特·丢勒甲虫画作的艺术家，但他并不仅仅止步于此，而是往前迈了一大步，呈现了精确、忠实、完整的昆虫插图。乔里斯·霍夫纳格尔是第一位将各种不同形态的昆虫提升至独立绘画主体的画家。他认为，精致的细节描绘可以有力展现昆虫的特征。尽管他的画作成为现代昆虫学插图的典范，但他仍然致力于传达他的自然研究对象（尤其是昆虫）的神学意义。由于大自然被认为是造物主最杰出的作品，因此所有的自然主体都具有神学寓意，但这并不意味着"甲虫的画等于借指耶稣"。昆虫画作的象征意义，必须考虑到当

DER

INSECTEN=

BELVSTIGVNG

Zweyter Theil.

时的信仰，即每种动物，即使是最小的动物，也是造物主的作品，它们总是超越自身，附属于大自然。

1592年，乔里斯·霍夫纳格尔出版了《原型研究》（*Archetypa studiaque patris Georgii Hoefnagelii*），书中插图配有许多反映人生苦短的格言，这些格言来自伊拉斯谟（Erasmus）的《名言集》（*Adagia*）（1500年首次出版，后来多次印刷）。伊拉斯谟认为甲虫"象征着毫无征兆的恐惧，因为这种昆虫习惯于在傍晚突然飞进屋里，发出可怕的嗡嗡声"。17世纪，鹿角虫成为许多艺术家绘画的主题，例如德国静物画家格奥尔格·弗莱格尔（Georg Flegel）和彼得·比路易特（Peter Binoit），以及荷兰绘图家克拉斯·扬斯祖昂·维舍尔（Claes Janszoon Visscher），后者也曾临摹过乔里斯·霍夫纳格尔的插图。在后人的作品中，鹿角虫依然占据引人注目的位置，如在奥古斯特·约翰·罗塞尔·冯·卢森霍夫于1746—1761年创作出版的《昆虫的娱乐》一书中。

鹿角虫什么时候"失去"了它的基督教寓意，或者艺术家希望它的形象以什么方式发挥作用，我们不得而知。对艺术中象征主义的回顾性解读，常常充满困难，因为不同的人有不同的解读，例如有些人认为阿尔布雷特·丢勒创作的《兽群中的圣母》中，鹿角虫是邪恶的象征。实际上，随着显微镜的发展和应用，我们可以肯定的是，昆虫的神学寓意只维持到17世纪。1673年，荷兰显微镜学先驱扬·斯瓦默丹（Jan Swammerdam）解剖了一只鹿角虫，他写信给伦敦的皇家学会说："在最不起眼的生物身上，处

处彰显着神的智慧和高超的造物技巧。"随着人们常说的
"科学革命"的到来,甲虫已经准备好迎接崭新的意义维
度——除了保留了它的象征寓意外,它也成为科学"标本"
(specimen)。specimen 是拉丁文术语,意思是"指示的东
西",该词来自 specere,意思是"用眼睛感知"。随着 17
世纪显微镜的出现,以及标准化的自然史插图和收藏的稳
步发展,人们开始用全新的眼光研究甲虫,这反过来又赋
予甲虫新的维度———种科学意义上的生物。

第三章　甲虫与科学

> 我们踩在脚下的可怜的甲虫，是自然界物种必不可少的一分子。在自然界中，甲虫像鹧鸪和野兔一样，有其存在的价值，符合进化规律，我们非常关心它们的生存和增长。
>
> ——出自 1770 年德鲁·德鲁里（Dru Drury）所著的《自然史插图》（*Illustrations of Natural History*）。

18 世纪英国昆虫学家德鲁·德鲁里提到莎士比亚时，总是赞不绝口。德鲁·德鲁里还举例证明了莎士比亚作品是如何将昆虫的诗意概念与新兴的自然科学观保持一致的。自然科学观认为，大自然是一个功能强大、相互依赖的系统，有可以观察、验证和描述的规则。这种认知转变源于何时，我们不得而知，但显而易见，正是从 16 世纪晚期，人们开始系统展现、分类和分析甲虫，且发展势头逐渐增大。因此，甲虫摇身一变，变成了科学"标本"。

早在公元前 350 年左右，亚里士多德的《动物史》（*History of Animals*）就记载了欧洲研究甲虫的历史，书中描述了包括鹿角虫和斑蝥虫在内的许多物种。后来，罗马自然哲学家老普林尼（Pliny the Elder）在他的《博物志》（*Natural History*）（77—79 年）第 11 卷中指出，有些种类的昆虫，如甲虫，翅膀较薄较脆弱，由一层外壳或硬壳保护。他观察到，这类昆虫身上没有蜇刺，许多长有很长的角，还长有两个带细齿的大颚，两个大颚靠近时，就会"大快朵颐"。普林尼还记录到，孩子们把这些甲虫（他似乎指的是鹿角虫）戴在脖子上当作护身符，尼吉狄乌斯（Nigidius）（公元前98—前45年）把它们称为"卢卡尼亚牛"（Lucanian oxen）——这是罗马人对大象的俗称。

18世纪前，普林尼的《博物志》仍然是一本极具权威的著作，书中呼吁关注昆虫的语句被广泛引用。然而，随着自然科学的细化和专业化，各学科迅速发展，人们开始掌握大量数据，《博物志》的实用性逐渐下降。普林尼谈

《白色背景上的贝壳、蝴蝶、花朵和昆虫》，由简·范凯塞尔（Jan van Kessel）于1650年创作的木板油画。

到的大多数昆虫之所以受到他的关注，因为它们要么与民间医学有关，要么与迷信传统有关，当然蜜蜂除外，因为历史上，蜜蜂一直受到人们的尊敬和关注。例如，他记录到，"色雷斯的奥林索斯附近有一个小地方，甲虫一去准没命，因此被称为'甲虫坟墓'"；他还记载过能产生斑蝥素的斑蝥虫。在古代，斑蝥素有很多用途，是所谓的"催情药"的主要成分，如臭名昭著的催情圣药"西班牙苍蝇水"。由此看来，所谓的"西班牙苍蝇"并非指苍蝇，而是指鞘翅目昆虫斑蝥虫。

16世纪最后25年，欧洲研究者开始互相协作，系统研究昆虫。虽然在此之前，人们也观察和记录昆虫，但正是从16世纪末开始，人们开始记录昆虫的"真实面貌"，开启了一场有系统、有重点的运动。16世纪末，一种崭新的自然物品贸易活动蔚然成风，人们互相交换稀有奇异的动植物标本，以供协作研究。自然而然，甲虫标本成为交

牛津大学自然历史博物馆约翰·奥巴代亚·韦斯特伍德陈列室壁炉上的鹿角虫雕刻。

换的对象。这同时也与现代自然史的发展不谋而合。虽然当时欧洲大部分国家因宗教和帝国野心而卷入战争，但现代自然史的发展在一定程度上促进了人类文明。

16世纪，英国博物学家、探险家约翰·怀特（John White）在自然历史样本的制作和说明方面做出了重要贡献，他绘制了一些最早的甲虫图像。怀特记录了他在美洲之旅时遇到的植物群和动物群，并配图介绍了欧洲人从未见过的甲虫，如"萤火虫"（萤科），并配文"在夜晚发光的昆虫"。

人们对甲虫的兴趣日益增长，与此同时，人们也开始关注如何准确展现和描述甲虫，于是，人们开始撰写有关昆虫的书籍，记录甲虫。在此之前的整个中世纪，昆虫仅作为装饰，出现在手稿的边缘，人们较少关注它们的准确寓意。如今，昆虫的图像被绘制出来，成为学习的辅助手

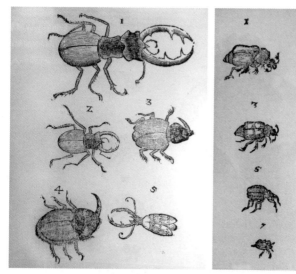
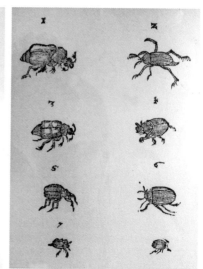

乌利塞·阿尔德罗万迪于1638年所著的《昆虫类动物》中的插图。

段。值得一提的是，1602年，意大利博物学家乌利塞·阿尔德罗万迪（Ulisse Aldrovandi）出版了著作《昆虫类动物》（*De animalibus insectis libri septem*），它是欧洲第一本专门研究昆虫的书。当时，莫菲特的《昆虫的剧院》手稿（前一章提到过）虽然已经完成，却仍在不断修订中，并未出版。虽然在此之前，许多甲虫图像也被绘制、流通和临摹过，但阿尔德罗万迪的书中插图是最早出版的甲虫图像。

乌利塞·阿尔德罗万迪记载了各种各样的甲虫，包括鹿角虫和犀牛甲虫，都用黑色墨水绘制在洁白的书页上，完全符合珍妮丝·奈莉（Janice Neri）所说的"样本逻辑"的概念，即使用这些样本图片替代它们代表的物体。《昆虫类动物》原稿收藏于博洛尼亚大学图书馆，插图精美。印刷版昆虫图片是临摹而来的木刻版画，虽然刻画准确，令人钦佩，但与丢勒笔下的鹿角虫不同，这些图片缺乏生机，无法达到丢勒精心绘制的深度，也无法与霍夫纳格尔的微妙相媲美。16世纪末17世纪初，由于工艺水平的限制，人们尚无法批量制作高度精细的彩色昆虫图像复制品——这项工作要等到18世纪才能完成。正是由于这个原因，上色精确和渲染得当的昆虫图像，连同昆虫标本，都受到了博物学家的高度重视。

镶嵌象鼻虫的戒指
（1794年）。

　　显而易见，由于受到工艺水平的限制，在"昆虫学"（"昆虫学"这一术语直到1766年才出现）发展的早期，要想全面介绍昆虫及其生活习性和生存环境，详细、逼真的昆虫图片非常必要——甚至至关重要。从表面上看，这是在用美观大方、令人赞叹的自然生物图片来吸引读者眼球——这正是许多甲虫的看家本领。此外，这些作品通常由富有的赞助人赞助，他们的名字将出现在书籍中。这些赞助人往往是前言中感谢的对象，他们也期望能得到世人的尊重和铭记。从本质上看，高质量的图像也是生命科学向模拟表征的复杂形式发展的需要——在本质上"客观反映"自然对象。至少在某些情况下，这些图像能够代替自然对象本身，或者能够弥补随着时间的推移该自然对象的"变化"。

　　对于艺术家和自然哲学家来说，甲虫既具有美学上的愉悦感，又具有现实的吸引力，因此得到了广泛的关注。荷兰艺术家约翰内斯·格达特（Johannes Goedaert）开始关注各种昆虫（主要是蝴蝶和飞蛾，但也有一些甲虫）的生命周期。他花了20年的时间，在野外实地观察昆虫，并

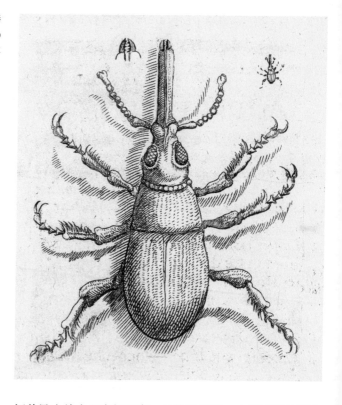

弗朗切斯科·斯泰卢蒂（Francesco Stelluti）于 1630 年绘画的甲虫。

饲养昆虫幼虫以密切观察，最终出版了一本带插图的著作《昆虫变态与自然史》（*Metamorphosis et historia naturalis insectorum*）（1662 年）。该书于 1682 年被翻译成英文版《论昆虫》（*Of Insects*），成为最早详细记载甲虫生命周期的系统著作之一。约翰内斯·格达特介绍了他饲养"玉米虫"的过程。玉米虫，一种甲虫幼虫，专食玉米的根。1659 年 8 月 22 日，他捕捉到一只虫子，放在底部有土的瓶子里饲养了一年，他在土中播下"宝盖草种子，并栽了

（对页）尼古拉斯·斯特勒伊克（Nicolaas Struyck）于 1715 年创作的水彩画《四只甲虫和一只会飞的臭虫》。

72

一株开白色花的植物"。约翰内斯·格达特写道，这条虫子似乎来自一种经常吃树叶的甲虫的卵，这类甲虫在5月很常见。他观察到，这条虫子从9月3日开始变形，到第二年5月，就成了一只大的甲虫。

然而，尽管约翰内斯·格达特贡献非凡，但对昆虫的系统观察仍处于起步阶段，很容易出错。比如，约翰内斯·格达特记录过他在沙丘中发现的几只毛毛虫，把它们带回家的第二天，他声称观察到"一个像甲虫一样的小动物，从毛毛虫身体的后部爬出来"，意思是说，毛毛虫是"这只甲虫的母亲"。在《论昆虫》的英文版中，马丁·利斯特（Martin Lister）注释道："这只甲虫的诞生，非常奇怪""这是个大错，我也曾有过类似经历——我自以为我观察到甲虫由毛毛虫变来，但我不相信我的观察。"马丁·利斯特推测，可能有人偶然把甲虫带进来，无意间放了毛毛虫旁边，因此，这种情况并不能说明甲虫是毛毛虫变来的。

17世纪时，人类进入科学启蒙时期，但甲虫仍然与民间传说有着千丝万缕的联系。例如，莫菲特的《昆虫的剧院》收录了一则有趣的轶事，意在证实自古以来的民间传说：玫瑰精油对蜣螂是致命的。

> 我听过这样一个故事：一个打扫厕所的人，来到安特卫普一家药剂店，闻到香味时，立刻昏厥倒地。旁边的人看到此景，立即走向街头，收集了一些马粪，放到这人的鼻子旁，习惯于闻臭味的这个人就恢复知觉了。毫无疑问，如果以粪便为食的蜣

螂被涂上玫瑰精油，就会因此而被杀死。

17世纪早期和中期的甲虫文学难免要受到寓言和传说的影响，但它仍然能够强有力地推进人类对昆虫生活的认识。受普林尼启发，人类想要了解昆虫，就必须转变立场，改变对昆虫传统的、以人类为中心的认识。人类的这一认知转变，与17世纪早期显微镜的出现和应用有很大关系。显微镜使人类能够近距离观察昆虫，同时促使人类重新审视欧洲观察者的审美倾向和观察结果。实际上，在显微镜出现之前，这种趋势就已在欧洲积蓄待发，这意味着显微镜的应用提高了而不是创造了更高的昆虫审美鉴赏力。举例而言，莫菲特曾说道：

> 如果我们可以称赞一匹骏马，夸耀一条靓狗，为什么不能赞美一只漂亮的甲虫呢？如果我们以自己的标准来衡量所有事物，那么，我们一定会认为与我们不同类的事物是丑陋的。头脑健全的人不会对甲虫的颜色吹毛求疵，因为它的颜色能衬托出宝石的璀璨，尤其是最贵重的宝石——钻石。而且，没有人认为甲虫卑微，因为巫师和医生可以从甲虫身上取药，治疗严重的疾病。甲虫是护身符，不仅装在人们的钱包里，而且还挂在他们的脖子上，有时还用金盒盛着，以防孩子生病。

甲虫不仅漂亮（只要你愿意欣赏它们的华丽），而且非常有用——这两种基本品质使它们值得钦佩。莫菲特简

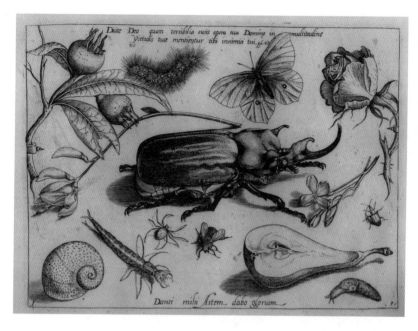

Dicite Deo quam terribilia sunt opera tua Domine in multitudine
Virtutis tua mentientur tibi inimici tui 65.69

Danti mihi Artem dabo gloriam

乔里斯·霍夫纳格
尔之子雅各布·霍
夫纳格尔（Jacob
Hoefnagel）于1592
年创作的版画。

洁而深刻地评价道："甲虫用途多样，它们不但让我们身心
愉悦，而且还可以医治疾病。"

　　1669年，扬·斯瓦默丹出版了《普通昆虫史》（*Historia
insectorum generalis*），这是17世纪介绍昆虫生命周期和
微观解剖学的最详尽、最周密的著作。1758年，该书被译
成英文版《自然之书：昆虫史》（*The Book of Nature; or, the
History of Insects*）并再版；书中，扬·斯瓦默丹介绍了自
己的甲虫收藏品，给人留下了深刻的印象："其中有25只
外来甲虫，来自东印度群岛和西印度群岛、埃及、巴西、
法国以及其他地方。"他还详尽描述了许多物种的具体情
况，包括鹿角虫和犀牛甲虫。扬·斯瓦默丹对甲虫的角印

76

象尤其深刻，他写道，"甲虫这一物种"，没有什么比"美丽多样的结构，即甲虫的角"更多姿多彩、引人注目的了。他又补充道，他认为"仅根据角的多样性，甲虫就可以分为不同的种类。"

17世纪，鞘翅学不断发展，日新月异。尽管根据甲虫角的形状来分类甲虫的想法从未践行过，但英国药剂师詹姆斯·彼得维（James Petiver）赞同斯瓦默丹的说法，他写道："我们应该根据触角或角的形状来分类甲虫。"詹姆斯·彼得维是一位令人敬畏的收藏家，据说，他性情古怪、衣冠不整，不太注意昆虫分类，曾把"胭脂虫"（一种臭虫）误以为"瓢虫"（ladybird），把前者称为Lady-Cows，还把吉丁虫称为Burn-Cows。扬·斯瓦默丹称，霍夫纳格尔的鹿角虫画作"确实是迄今为止，我见过的最精美、最准确的画作"。"我在刀尖上涂抹了一点蜂蜜，鹿角虫像忠实的狗一样跟着我，贪婪地吮吸着蜂蜜。"除了各类甲虫的插图外，扬·斯瓦默丹还添加了非常详细的甲虫内部解剖显微图，包括"气管黏液或气管组织"。这些插图开拓了人们的视野，因为从亚里士多德时代起，人们就认为昆虫没有内脏。

此外，扬·斯瓦默丹还详细介绍了犀牛甲虫，以普林尼《博物志》里经常被引用的一句话开篇，介绍了"犀牛甲虫稀奇古怪的习性，并配有准确的插图"。文艺复兴时期的许多自然哲学家都在研究昆虫，并试图验证他们的研究：

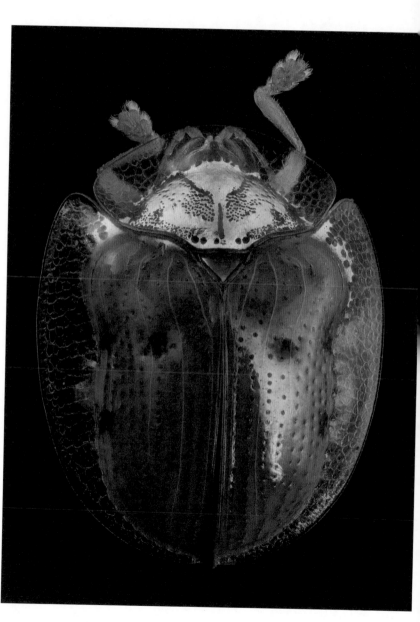

我们钦佩大象，它的背上能驮座塔；我们钦佩公牛，它的脖颈能承受牛角狂怒的甩动；我们钦佩老虎，它的杀伤力令百兽闻风丧胆；我们也钦佩狮子，它的鬃毛是"丛林之王"的桂冠。但我们知道，甲虫虽然卑微，却是自然界最完整、最完美的生物。

（对页）黄金龟甲虫（*Charidotella sexpunctata*）。

普林尼的观察并没有借助显微镜，也没有借助放大镜。这位耐心、细致的哲学家，靠的正是专注的观察和认知同理心，来重新认识自然界最小的生物。甲虫是这一过程的重要催化剂。扬·斯瓦默丹像许多与他同时代的人一样，热衷于推广和普及显微镜知识，他秉承普林尼的探究精神，向读者承诺"显微镜下观察到的比在正午的太阳下观察到的更清晰，许多自然奥秘隐藏在大型动物的内脏里，也隐藏在最卑微动物的器官里"。

七星瓢虫（*Coccinella septempunctata*）的幼虫。

扬·斯瓦默丹似乎完全被昆虫迷住了，他相信，了解昆虫的细节就是了解上帝造物的细节，研究自然界最小的生物就等于揭示造物主的全能。这种想法使他涉足一些不寻常的领域，比如，犀牛甲虫的性生活。扬·斯瓦默丹解释说，犀牛甲虫通常出现在码头和院子里，在木屑、锯末、枯树、腐烂的木材和烧尽的芦苇灰中。他描述了：

> 雄性犀牛甲虫如何爬到雌虫的背上，用生殖器角质或骨质部分，连同两只弯曲的"钳子"，把自己固定在雌虫身上；这样，雌虫无法逃脱，雄虫就用这种方式完成交配。

这种对昆虫世界中私密的诙谐性描述，在许多关于昆虫的书中司空见惯。19世纪晚期，让-亨利·法布尔的作品中也有大量类似的诙谐描述，但后来被更直接的描述手段——微电影影像所取代。

随着17世纪显微镜技术的发展，人们能够观察到更多的昆虫细节，与此同时，人们开始思考另外一个问题：昆虫眼中的世界是什么样的呢？于是，甲虫再次引起了人们的兴趣，成为研究的焦点。1698年5月，自学成才的荷兰显微镜学家安东尼·范·列文虎克（Antony van Leeuwenhoek）给伦敦皇家学会写了一封信，详细介绍了他最近通过自制的单透镜显微镜观察甲虫眼睛的过程。"去年夏天，"他写道，"我曾向几位英国绅士展示过甲虫的眼睛，其角膜外膜呈现出多样性。"17世纪的人们相信"绅士"

们的观察结果，而"绅士"们的观察结果是否可靠，新兴的显微技术正派上用场，验证"绅士"们的微观观察结果。"绅士"指有文化、受过教育、社会地位高的男性。列文虎克是布商出身，从未上过大学，不懂拉丁语，因此算不上"绅士"，他只好依赖身边的"绅士"们，以便为他的新型观察增加可信砝码。列文虎克继续写道："这对英国绅士来说难以理解，因为，英国人描述盲人或视力模糊的人时，他们常说，'像甲虫一样瞎'，所以，英国人认为甲虫是瞎的。"列文虎克似乎把复眼误认为眼睛的多样性，曾多次把"眼睛的多样性"展示给"有地位的人"，这些人"能清楚地同时看清几百只眼睛"。

19世纪，西格蒙德·埃克斯纳（Sigmund Exner）用萤火虫的眼睛做过实验，部分回答了"昆虫眼中的世界是什么样的"这一问题。1891 年，他出版了著作《甲壳类动物和昆虫多面眼的生理学》（*Die Physiology der facettierten Augen von Krebsen und Insekten*），书中有一幅教堂钟楼的图像，呈现的就是萤火虫眼中看到的钟楼。虽然可能无法最终告诉我们甲虫的视觉体验，但这幅图像确实使我们了解了甲虫的眼睛遇光是如何工作的。众所周知，昆虫的眼

《苏里南昆虫变态图谱》中的甲虫，玛丽亚·西比拉·梅里安于 1705 年著。

睛有两种基本类型，复眼（或多面眼）和单眼（或单腔眼）。复眼包括并置眼和叠置眼，其中，并置眼的每个受体簇都有自己的晶状体，而叠置眼视网膜上任意一点的像都是许多晶状体成像的叠加。

17 世纪末 18 世纪初，以事实为依据、旨在"客观"展示的昆虫学开始初具规模，美学（即欣赏被观察对象，并从中获得乐趣）对绘画过程仍然很重要。确实，能忠实描绘自然物体的"真实面目"的图像，满足了人们新的审美要求。在现代自然史的新兴文化中，"真实的"的图像才是美丽的图像。

在这方面，德国艺术家、早期昆虫学家玛丽亚·西比拉·梅里安（Maria Sibylla Merican, 1647—1717 年）占据重要历史地位。梅里安是自然史研究领域的传奇人物，凭借着无与伦比的审美能力，她能精确绘制各类昆虫、不同生命阶段的昆虫和植物宿主的图像。11 岁时，她就已经开始饲养和观察蚕了。1674 年，她开始系统研究昆虫的变态。1679 年，她出版了处女作《毛毛虫的奇妙转变及其精妙的花朵饮食》（*The Wondrous Transformation of Caterpillars and their Remarkable Diet of Flowers*）的第 1 卷，书中包括 50 张彩色四开本插图。1683 年，她出版了第 2 卷。梅里安早期的作品研究蝴蝶的生命阶段，后来，她在苏里南旅游时，创作了代表作《苏里南昆虫变态图谱》（1705 年），书中有 60 幅铜版画，包括描绘甲虫的铜版画。除了出色的插图绘制技术，梅里安还特意将昆虫和植物宿主一起展示，以确保昆虫学和植物学的准确性。梅里安创作的画作精美出色、富有开创性，即使在今天，也是可靠的学习辅助材料，也依然符合现在的审美。这些作品费尽心血，正如梅里安在《苏里南昆虫变态图谱》序言中所写：

> 我选取最好的纸张，邀请最著名的大师制作版画，以满足艺术鉴赏家和对昆虫及植物感兴趣的业余博物学家的审美要求。给别人带来快乐的同时，我也达到了自己的目的，这让我感到莫大的快乐。

当许多博物学家仍然认为昆虫是自然产生时，梅里安就认识到昆虫的变态了。17世纪末，她开始整理自己的"笔记与研究"，添加插图，准备出版。梅里安使用一些术语来描述鞘翅目昆虫的不同发育阶段，如"种子""幼虫""蛆""谷粒""木蠹虫"（一种在木材中发现的甲虫幼虫）等。梅里安的《苏里南昆虫变态图谱》不但符合人们的审美标准，提供了准确的昆虫插图，还开启了昆虫插图书籍的新世纪。在她的开创下，18世纪出现了大批内容丰富的彩色书籍，专门介绍国内外昆虫标本。因此，这一时期作品的评判标准，不仅要看内容的准确性，还要看插图的精致程度。

18世纪早期，梅里安插图绘画风格影响了数位画家。德国博物学家、微雕画家奥古斯特·约翰·罗塞尔·冯·卢森霍夫（August John Rösel von Rosenhof）就是其中之一，他创作了许多精美的插图作品，包括多卷本系列的《昆虫的娱乐》（*Insect Entertainment*）（1746—1761年）。在《昆虫的娱乐》第2卷（1749年）中，卢森霍夫对甲虫及其生命周期进行了大量的描述。这些插图栩栩如生、客观准确，最吸引人的是它们的"场景感"：甲虫和其他各种不同的微动物群不再是纸上或陈列柜内单调乏味、毫无生机的标本，而是和人类观察者一样，是充满活力的微观世界的"居民"。即使是在那些鲜明的白色背景画板上，卢森霍夫也拒绝过分强调甲虫的几何比例，这一理念一直贯穿于随后的昆虫学插图实践。这使他的插图精确描述了重要的昆虫标本，具有经久不衰的魅力。

另一位值得一提的人物是英国水彩画画家、博物学家埃利埃泽·阿尔宾（Eleazar Albin）。在 1720 年出版的《英国昆虫自然史》一书中，阿尔宾展示了各种昆虫在生命不同阶段的插图，这些插图引人入胜，其中大部分是蝴蝶和飞蛾，也包括一些甲虫。该书共有 100 幅彩色铜版画，每幅画献给一位赞助人。对阿尔宾来说，就像他的许多前辈一样，昆虫变形是自然神性的直接证据——他写道："上帝无限仁慈，冥冥之中，他赋予所有生物一种本能，包括最低阶的动物。凭借这种本能，这些生物足以繁衍生息下去。"

阿尔宾在《英国昆虫自然史》第 60 幅铜版画的介绍中，讲述了他是如何与图中昆虫初次相遇、如何收集，以及随后他是如何观察其生命阶段的，并配上栩栩如生的插图。他通过犁地，找到了许多"幼虫或蠕虫"，并观察到"乌鸦和白嘴鸦非常乐意叼起它们"。然后他把几只昆虫放进一个盒子里，"在盒子里，它们用钳子互相残杀"。幸存下

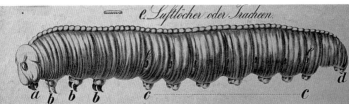

e. *Luftlöcher oder Trachen.*

a b b b c c d

Afterraupe der veränderl. Blattwespe. (Cimbex variabilis). V. Classe 2. Ordnung.
a. *Freßwerkzeuge.* b. *Brustbeine* c. *Bauchbeine.* d. *Nachschieber.*

Der Müller (Tenebrio molitor) sammt Larve (Mehlwurm) V. Classe 1. Ordnung.

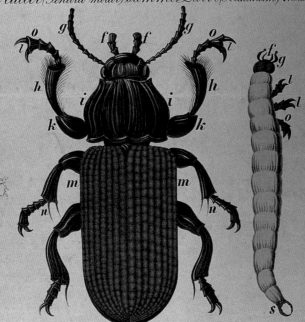

f. *Lippentaster.* g. *Fühler.* h. *Vorderschienen.* k. *Hinterschienen.* i. *Brustschild.*
l. *Klauenglieder.* m. *Flügeldecken.* n. *Schienenstachel.* o. *Fußglieder oder*
Tarsen. s. *Zangenartiges Vertheidigungsglied.*

Druck u. Verlag von C.C.Meinhold u. Söhne, Dresden.

H. J. Ruprecht, Wand-Atlas I. III. Aufl.

来的幼虫被放在一盆土壤里，土壤里含有草和其他植物的根。它们最终化成了蛹，然后"出来的是一种叫作金龟子的棕色甲虫"，有雄虫也有雌虫。

想象一下这样的画面：阿尔宾这位衣着体面的英国绅士，在刚翻过的田地里，与乌鸦和白嘴鸦抢刚从地里翻出来的幼虫，这着实有趣，尤其是当时对昆虫（以及自然物品）的研究还不能受到大众的尊重，或者至少不像其从业者自认为的那样。即使 50 年后，昆虫研究依然未引起人们足够的尊重，德鲁·德鲁里在《自然史插图》（1770 年）中感慨万千，"目光短浅的人对此嗤之以鼻、冷嘲热讽，他们对人们花时间采集植物、昆虫或石头感到不耐烦"。

然而，这种嘲笑和蔑视并没有阻止爱好者广泛、大量收集自然物品，反而在整个 18 世纪，收集自然物品在全球范围内变得越来越流行和普及。汉斯·斯隆爵士（Sir Hans Sloane）收藏的大量自然物品和古物，成为大英博物馆和英国自然历史博物馆的馆藏，为普及自然知识立下了汗马功劳。斯隆爵士自牙买加返回后，带回大量新植物和动物标本，包括一些甲虫标本，令人赞叹。他在《马德拉群岛、巴巴多斯岛、尼夫斯岛、克里斯托弗岛和牙买加岛航行志；以及牙买加岛草药和树木、四足动物、鱼类、鸟类、昆虫、爬行动物等的自然史》（*A Voyage to the Islands Madera, Barbados, Nieves, S. Christophers and Jamaica, with the Natural History of the Herbs and Trees, Four-footed Beasts, Fishes, Birds, Insects, Reptiles, &c. Of the last of those Islands*）中详细记载了这些标本。该书第 1 卷出版于 1707

年，第2卷出版时间稍晚，在1725年。书中有一段记载了"萤火虫"（萤科）：

> 晚上，萤火虫在稀树草原和树林里飞来飞去。妇女们借它们的光干活，印第安人则将它们绑在脚和头上行走……《印第安记事》[奥维多·巴尔德斯（Oviedoy Valdés），1478—1557]中记载，夜晚，印第安人借萤火虫的光纺织、编织、做饭、绘画、跳舞等；他们也借萤火虫的光捕猎巨毛鼠（当地大型啮齿动物）、捕鱼；他们将萤火虫绑在脚趾和手上，走起路来好像带着火炬和火把一样。西班牙人就着萤火虫的光读信。萤火虫还会吃掉妨碍印第安人睡觉的蚊子，因此，印度安人把萤火虫带回屋里，不仅仅是为了照明，还是为了消灭讨厌的蚊子。当印第安人拿着火把，呼唤它们的名字时，萤火虫就来到他们跟前；他们拿着树枝捕捉萤火虫，萤火虫被扑倒后，就不容易飞起来。要是谁把萤火虫体液抹在手上或脸上，准会把人吓坏。奥维多·巴尔德斯想，如果经过蒸馏，说不定从萤火虫身上会提取出奇妙的水来。

在汉斯·斯隆爵士看来，并非所有奥维多·巴尔德斯的观察，都是可靠可信的。斯隆指出，萤火虫出现不可能是因为有人呼唤了它们的名字，很有可能萤火虫只是被"火把"的光芒所吸引。但总体来说，这段描述表明萤火虫完全融入牙买加和加勒比海土著居民的日常文化生活中，欧

C.G. 雅布隆斯基
（C. G. Jablonsky）
于 1785—1806 年
所著的《已知自然
系统》（*Natursystem
aller bekannten*）
卷首插图。

洲探险家对此觉得既神奇又惊讶。

18世纪，大头针的发明至关重要，虽未得到普及，但却极大地推动了甲虫的科学研究。亚当·史密斯（Adam Smith）在《国富论》（*The Wealth of Nations*）（1776年）中，曾以大头针制造为例，说明劳动分工可以提高效率。18世纪早期，英国大头针制造厂主要分布在伦敦、布里斯托尔和格洛斯特，约有100家制造厂。到1735年，大头针制造业成为格洛斯特主要产业，格洛斯特是当时英国最大的大头针制造中心。各种尺寸的大头针主要用于裁剪衣服和紧固文件。1700年前，一些昆虫收藏家就已经开始使用大头针收藏昆虫标本了，"早在17世纪80年代，威廉·考特恩（William Courten）就建议波斯蒂默斯·萨尔维（Posthumus Salwey），可'用大头针将蝴蝶固定在盒子上'"。

然而，直到19世纪早期大批量机械生产技术发展起来前，大头针一直很昂贵，而且还没有专门用于制作昆虫标本的大头针。整个18世纪，大头针都是通过工厂工艺和外包劳动力手工制作的。由于无法得到大量大头针，一些昆虫标本只好保存在瓶子里，而瓶子也不是特别便宜或充足。还有一些昆虫标本像植物标本一样，保存在书页间，这样保存的成功率不尽相同，而且这种方法在很大程度上仅限于收集蝴蝶和飞蛾的标本。17世纪英国植物学家如亚当·巴德尔（Adam Buddle）和伦纳德·普拉肯内特（Leonard Plukenet）曾用这种方法制造过甲虫标本。昆虫也可以保存在透明的云母片中，但这种方法也限制了可以保存的昆虫种类，许多甲虫身体呈球茎状，根本不适合保

爱德华·多诺万（Edward Donovan）所著《中国昆虫志》（*Natural History of the Insects of China*）插图。

存。1700年左右，詹姆斯·彼得维公布了《关于如何方便制作和保存自然珍品的简要说明》（*Brief Directions for the Easie Making and Preserving Collections of all Natural Curiosities*）（以下简称《简要说明》），原文是在一张对开纸上。他建议：

你可以在口袋里随身携带宽口小玻璃瓶，里面装上半瓶烈酒。捕捉到昆虫后，如甲虫、蜘蛛、蚱蜢、蜜蜂、黄蜂、苍蝇等，把它们放入瓶中，就可以把它们统统淹死。但是，蝴蝶和飞蛾都有粉末状的翅膀，它们的颜色容易擦掉。一旦抓住蝴蝶和飞蛾，可按照制作植物标本的办法，立刻将它们夹入书中。

尽管詹姆斯·彼得维在《简要说明》中没有提到大头针，但在一份1690年的手稿中，他确实建议保存"昆虫，如蜘蛛、苍蝇、蝴蝶和甲虫"时，应用大头针刺穿它们的身体，扎在帽子上，直到找到木板，再钉到屋里的墙上，或松木箱盖的内侧，以免昆虫被压碎。在随后的几年中，用大头针固定昆虫，成为标本制作和展示的标准程序，这一做法不仅便于科学研究，而且也便于收藏家观赏。

18世纪丹麦动物学家约翰·克里斯蒂安·法布里丘斯（Johan Christian Fabricius）是瑞典分类学之父卡尔·林奈（Carl Linnaeus）的学生，他出类拔萃，曾被称为"昆虫界的林奈"。林奈鉴定出大约3000种昆虫，包括654种甲虫；而1775—1801年，法布里丘斯就识别了超过10 000只昆虫，包括4112只甲虫。1775年，法布里丘斯出版了第一部动物学著作《系统昆虫学》（*Systema entomologiae*）。1778年，法布里丘斯出版的《昆虫哲学》（*Philosophia entomologica*）是第一本昆虫学教科书；他在书中明确写道："昆虫学中物种的数量无穷无尽，如果不加以分类，昆虫学将一片混沌。"这段话表明，昆虫复杂的多样性和绝对庞大的数量，对分类构成了巨大的挑战，而不断完善、优化和改进林奈分类法是迎接这一挑战的必要措施之一。甲虫是种类最多的昆虫（法布里丘斯发现的所有昆虫中，约有 40% 是甲虫），是急需要分类的。在接下来的几十年里，随着已知甲虫物种的数量不断膨胀，分类成为昆虫学家直接面对的挑战。

在《奇异的昆虫》（*A Decade of Curious Insects*）（1773年）中，约翰·希尔（John Hill）宣称："我们发现，自然界中所有生物之间存在差异"，"这种差异，即一种物种优于另一物种，是自然定律所允许的"。在约翰·希尔看来，"物种"是大自然本身的一种属性，而"类和属"，虽然有用，却是人为赋予的；分类法是人类的思想，这在大自然中是不存在的。显然，希尔追随了林奈的理性脚步，但是他评论道："昆虫数量并不像人们认为的那样多"，人们难以苟同。这是希尔一厢情愿的想法，事实证明，人类一直低估了昆虫的数量。

值得一提的是，德国昆虫学家似乎下定决心，探明所有现存的甲虫物种，首次做出尝试的是 18 世纪的卡尔·古斯塔夫·雅布隆斯基（Carl Gustav Jablonsky）和约翰·弗里德里希·威廉·赫布斯特（Johann Friedrich Wilhelm Herbst），他们合著的《国内外所有已知昆虫的自然系统：布丰〈自然史〉之续，遵循尊敬的卡尔·冯·林奈大师的分类法》（*Natural System of all Well-known Foreign Insects, as a Continuation of Buffon's Nautral History, After the systems of the Honoured Master Carl von Linné*）共 10 卷，于 1785—1806 年陆续出版，附有丰富而细致的彩色插图，包括甲虫插图及其内部解剖图。这次努力虽然意义重大，但还是势单力薄。继他们之后，德国鞘翅目昆虫学家马克斯·格明格（Max Gemminger）和埃德加·冯·哈罗德男爵（Baron Edgar von Harold）在《已知甲虫系统分类》（*Catalogus coleopterorum hucusque descriptorum synonymicus et systematicus*）中做了同样的尝试。该书共 12 卷，出版于 1868—1876 年，列出了近 77 000 个种类。到了 20 世纪，自 1910—1940 年，威廉·容克（Wilhelm Junk）和西格蒙德·申克林（Sigmund Schenkling）在《鞘翅目昆虫名录》（*Coleopterorum catalogus*）中列出了近 221 500 种甲虫，这部著作是最后一本试图在一卷册内介绍每一种甲虫的昆虫书籍。如前所述，随着新发现的种类越来越多，彻底详尽列举昆虫种类变得越来越困难。继威廉·容克和

"叛逆的甲虫"，是 J.J. 格兰威尔（J.J.Grandville）于 1877 年为《动物的公私生活》（*Public and Private Life of Animals*）绘制的插图。

95

西格蒙德·申克林之后的 70 年里，大约有 13 万种以上的甲虫被发现，平均每天约 5 种，而且这个数字还在继续攀升。

18 世纪下半叶，甲虫的研究和分类发展迅速，昆虫收藏家为获得认可和声誉而相互竞争，权力之争开始出现。威廉·亨特（William Hunter）的大王花金龟（*Goliathus goliatus*）卷入漩涡之中，其所属种类和图片"所有权"引发了相关方的争议。1766 年，一艘商船的船长在非洲几内亚湾加蓬共和国一条河的河口发现了漂在河面上的大王花金龟。他把它交给了海军医生大卫·奥格尔维（David Ogilvie），大卫·奥格尔维又交给了苏格兰解剖学家威廉·亨特。这只大王花金龟体长 9.5 厘米，是迄今为止发现的最大的甲虫。三年后，一幅大王花金龟（或称为斑马甲虫）的版画出现在德鲁·德鲁里 1770 年出版的《自然史插图》中，但版画的来源，也就是版画临摹的原品，一直没有公开。该版画由德高望重的自然历史插图画家摩西·哈里斯（Moses Harris）基于原版雕刻而成，此前，德鲁里从英国植物学家伊曼纽尔·门德斯·达·科斯塔（Emanuel Mendes da Costa）买到的原版。而科斯塔信誉可疑，曾两次因非法金融交易而锒铛入狱，其中一次是他任英国皇家学会职员时，贪污超过 1100 英镑。亨特曾把这只大王花金龟借给过科斯塔，当时科斯塔正在准备一本关于自然史的书，并想在书中插入自己亲手绘制的大王花金龟图像。很可能，当时已被监禁的科斯塔急于筹集资金，把自己未出版的大王花金龟插图卖给了德鲁·德鲁里，德鲁·德鲁里随后让哈里斯雕刻版画，印到自己的书中。这

儒勒·米什莱于1883年
所著的《昆虫》中的插图。

似乎极大地冒犯了威廉·亨特，他认为科斯塔违反了标本
借用的条件，致使本应属于他的荣誉，现在被错分给了德
鲁·德鲁里和摩西·哈里斯。1771年，亨特收到了科斯塔
的长篇道歉信，他简短地回复道：

> 达·科斯塔先生带来了这么多麻烦，亨特医生
> 非常难过。这是一件无关紧要的事，但却无法纠正，
> 因为错已至深。达·科斯塔先生拥有图像就已经够
> 错的了，但也无法改变。亨特医生决定不再追究。
> 他觉得，德鲁里先生的举动也出乎他的意料。如果
> 他们不知悔改，乐此不疲，他也无话可说。

有些甲虫处于博物学家纷争的风口浪尖，而有些甲虫
则显然是在扮演着更鼓舞人心的角色。据说，1793 年，法
国革命动乱的高潮时期，伟大的法国动物学家皮埃尔·安
德烈·拉特雷耶（Pierre André Latreille）因错过宣誓效忠
法国的仪式，而被囚禁在波尔多的地牢里。他在牢房里备
受煎熬，这天，恰逢狱医给犯人体检。狱医来的时候，拉
特雷耶正全神贯注地观察一只他在牢房地面上发现的不
寻常的甲虫。一开始，看到拉特雷耶对昆虫如此痴迷，狱
医以为他疯了。拉特雷耶告诉狱医这是一种非常罕见的甲
虫。后来，狱医带走了甲虫，把它送给了朋友让·巴蒂
斯特·鲍里·德·圣文森特（Jean Baptiste Bory de Saint-
Vincent），他年仅 15 岁，读过拉特雷耶的著作，是位有抱

负的博物学爱好者。这种小甲虫就是赤颈郭公虫（*Necrobia ruficollis*），体长 4~6 毫米，确实很罕见。这位人脉很广的年轻博物学爱好者，显然很乐意参与拉特雷耶的昆虫学研究工作，他设法保释了拉特雷耶；不到一个月，由于该地区爆发暴力事件，其余的囚犯全部遇难。

19 世纪初，鞘翅学领域最伟大的人物也许是皮埃尔·F.M.A. 德让（Pierre F. M. A. Dejean），他记录了许多甲虫种类，收藏了约 20 000 种甲虫标本，是当时最大的甲虫收藏家之一，他还在滑铁卢战役中担任过拿破仑的副官。1802 年，他开始编纂甲虫目录，到 1837 年，其最终版本的目录中包含了超过 22 000 种甲虫。在战场上与甲虫邂逅的概率微乎其微，然而，据说这百年不遇的事却让德让碰到了，可见他对收集甲虫的痴迷和执着。1809 年 5 月，阿尔卡尼斯战役爆发。战役中，德让正准备下令向西班牙防线发起冲锋，这时，他碰巧注意到战马旁边的地上有一只甲虫。于是他推迟下令，下了马，捡起甲虫，用大头针把它钉在头盔里的软木垫上（软木垫是他特意用胶水粘在头盔里的，便于收集甲虫），然后重新开始战斗。数百名法国士兵死于西班牙的炮火；德让的头盔被打碎了，但他和甲虫标本都幸免于难。令人遗憾的是，几年后，当德让想给它命名时，这种甲虫已经被另一位博物学家发现、研究，并在学术期刊上公布了。于是，德让提议的名字——*Cebriousṭ ulatus*——就派不上用场了，他勇敢的战场昆虫学经历也变得毫无意义。

19 世纪，自然物品收藏蔚然成风，而甲虫是当时最受欢迎的收藏品。甲虫形状大小各异、颜色多样，收藏家每次见到从未见过的种类，都如获至宝，掩饰不住内心的狂喜。18世纪，欧洲中产阶级逐渐形成并不断壮大，与此同时，越来越多的人渴望逃离（哪怕只是暂时的逃离）拥挤、嘈杂和肮脏的城市环境。对于那些既有途径又有兴趣的中产阶级来说，自然史是科学知识和自然知识的交织，因此研究自然成为他们临时的消遣、休闲时的首选活动。19世纪上半叶，虽然在一定程度上，公众对昆虫研究嗤之以鼻，但是随着自然历史在公众心目中的地位逐渐攀升，公众对昆虫研究的态度也逐渐改变。与此同时，显微镜价格降低，数量也突然增多，人们对大自然的鉴赏力逐渐提高，人们的认知也在逐渐转变，认为即使自然界最小的生物也值得被密切关注，在这些社会变化的背景下，昆虫研究获得了更大的发展。甲虫的确值得人们关注，并被许多作者视为"昆虫部落"的典范。19世纪，人们不再直接引用普林尼的作品，但这一经典著作仍有持续影响；一位作者提醒读

《去吧，查尔斯！》，这是查尔斯·达尔文（Charles Darwin）的大学朋友阿尔伯特·韦（Albert Way）于1832年创作的漫画。

者，"有机体的重要性，无论是单个还是整体，与它们的大小不成正比，不，往往成反比。"

其他作者也持类似的观点，并直接将甲虫和体形更大、更受重视的动物进行了对比。1835 年，苏格兰昆虫学家詹姆斯·邓肯写道：

> 高等动物中的佼佼者以器官完美而著称，如四足动物中的猫科动物、鸟类中的鹰。可以说，甲虫是昆虫世界的佼佼者。与此同时，由于甲虫在自然经济中起重要作用，它们数量的过度减少或增加，常常给人类带来严重后果，这使甲虫比整个昆虫部落更具有重要性。

1859 年，达尔文出版《物种起源》，极大地推动了 19 世纪自然史的发展。达尔文理论确立之后，标本就不仅仅是标本了，也是两个已知物种之间的"联系"，是进化过程的标志。自然选择理论将甲虫置于比以前更宏大的自然系统中，承载更丰富、更深远的意义。虽然达尔文并不是昆虫学家（晚年时，他自称是一位"影响力衰减的昆虫学家"），但总体来讲，昆虫，尤其是甲虫，在他投身自然史的过程中发挥了重要作用。达尔文对医学失去兴趣后，1828 年，达尔文的父亲将他送至剑桥大学基督学院，攻读人文学士学位，以成为一名圣公会牧师。在剑桥大学，达尔文遇到了表亲威廉·达尔文·福克斯（William Darwin Fox），正是他介绍年轻的达尔文收藏甲虫。达尔文从小对自然史充满兴趣，在剑桥大学研究甲虫的这段经历更是大大增强了他的兴趣。达尔文在自传中写道：

> 在剑桥，没有任何一种追求能像收藏甲虫那样让我如此痴迷和快乐。那纯粹是出于收藏的热情，因为我没有解剖它们，也很少把它们的外在特征与论文的描述进行比较。我只是给它们取了名字。看看我有多痴迷吧。有一天，我在剥一些旧树皮时，看见两只罕见的甲虫，于是我一手抓了一只。接着，我又看到了第三只甲虫，从未见过的那种，我不忍心视而不见，于是我把右手拿着的那一只塞进了嘴里。唉，它喷出了一股强烈的刺激性液体，灼伤了我的舌头，我不得不吐出甲虫，于是它逃跑了，第三只也不见了。

达尔文描述的场景让人想起电影《欢乐糖果屋》里的孩子，贪婪地囤积糖果。这就是19世纪兴起的收藏热，不仅包括收藏甲虫，还包括收藏普通的自然"物品"。达尔文不用直面解剖昆虫带来的不适感（正是出于类似的原因，他退出了医学研究），单纯地收藏动物标本让他感到舒适自在，并进一步激发了他对大自然的热情。达尔文曾写道，晚年时，他惊讶地发现，他在剑桥捕捉到的许多甲虫在他脑海中留下了难以磨灭的印象，捕捉到甲虫时的那些柱子、老树和河岸的样子仍历历在目。对达尔文来说，收集新标本或稀有标本时的强烈兴奋感，足以形成对这些具体收集地点的持久和生动的记忆，因此，即使到了迟暮之年，达尔文对曾经的收集地仍然记忆犹新。

诸如此类轶事，充满了怀旧气息，展现出甲虫虽体形微小，却富有魅力，让人难忘。这些轶事在 19 世纪的昆虫学研究中时有发生，但人类与甲虫的关系并不总是洒满阳光。随着人口的迅速增长，新的挑战接踵而至——尤其是有关粮食供应和分配的挑战——人类不得不积极迎战，尽量减少包括甲虫在内的一些昆虫带来的负面影响。仅仅描述和收集甲虫是不够的——有了这些昆虫知识，我们还需要做更多的事情。1887 年，一位作者指出："随着文明的进步，越来越多的人相信，人类要想在农业和其他领域继续取得成功，掌握昆虫知识势在必行。"

20 世纪后，有个悖论日益凸显，那就是，西方文明越"先进"，人类越能"摆脱"自然的考验、重担和危险，人类的命运就越与甲虫休戚与共。

第四章　甲虫及其防治

> 为了避免更大的错误，就必须犯小错误。如果杀死一只科罗拉多甲虫，是对不起这只甲虫；但是，如果不杀死它，那就是对不起所有土豆种植者和消费者，而他们的利益要重要得多。
>
> ——出自 A.M. 麦基弗（A. M. MacIver）所著的《伦理与甲虫》（*Ethics and the Beetle*）。

从全球范围来看，大约一半的粮食被农田和仓库的"害虫"——昆虫、病菌、线虫、杂草和脊椎动物——糟蹋了。虽然难以精确计算昆虫糟蹋的农作物占多少比例，但大多数人认为在 10%~15%。这个估值差不多，下文将提供大量的例子证明。但是为了理解甲虫"害虫"与人类之间的关系，我们必须首先明晰"害虫"的定义。普遍接受的"害虫"的定义是"害虫是指出现在错误的地方，对人类有害的昆虫……在一定条件下，某种昆虫可能是害虫，而在其他条件下则不是。"这样，一种特定甲虫是否为害虫，完全取决于人类的立场，而且人类的立场是可以改变的。由此看来，甲虫并不是"害虫"，而是我们将甲虫视为害虫。

几千年来，甲虫在不同程度上损害了人类的利益。一方面，随着农业规模化的出现，这种损害的规模、性质和影响急剧增加；另一方面，全球人口日益膨胀，日益依赖脆弱的单一农作物。吉尔伯特·怀特（Gilbert White）在他的自然历史经典著作《塞尔伯恩博物志》（*The Natural History and Antiquities of Selborne*）（1789年）中表示，昆虫"害虫"对粮食作物收成及其储藏构成主要威胁，人们将日益担忧昆虫"害虫"。18世纪晚期，人类对昆虫的系统研究尚处于起步阶段，还没有划分专门的分支学科，如农业昆虫学和经济昆虫学。怀特写道，一部关于田野、花园和房屋内害虫的完整历史，肯定大有裨益、意义非凡，但是这类知识零零散散、杂乱无序。如果这方面的作品汇集起来，我们的工作就会取得巨大的进步。怀特冥冥之中意识到，随着英国农业革命带来的规模化生产和全球贸易的发展，昆虫带来了新的威胁——简单地说，人类生产的粮食越多，被昆虫糟蹋和破坏的就越多。怀特也将目光投向当地的情况，他指出，一种出没在萝卜地和园艺作物间的昆虫，农民称为"萝卜飞虫"或"黑豚"，实际上是一种芜菁叶甲科甲虫，炎热的夏天，它们的数量非常多，它们飞落在萝卜和卷心菜叶子上时，发出"啪嗒啪嗒"的声音，好

科罗拉多马铃薯甲虫（*Leptinotarsa decemlineata*）。

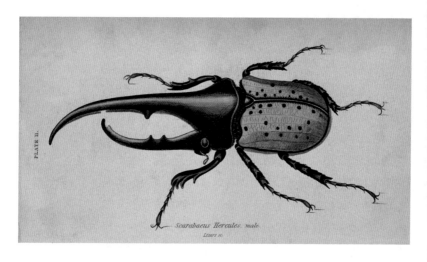

Scarabaeus Hercules, male.
Lizars sc.

W.H. 利扎斯（W. H. Lizars）(1788—1859年）彩色雕刻的雄性金龟子。

像下雨了。

1853年，苏格兰博物学家威廉·贾丁爵士（Sir William Jardine）重新编辑并出版了怀特的《塞尔伯恩博物志》，他在书中写道："目前已发表了许多优秀论文，探讨令农民和园丁头疼的害虫问题，劳登（Loudon）和韦斯特伍德（Westwood）两位先生已经翻译了凯勒（Keller）的德语论文《有害昆虫》。"害虫的管理和防治，特别是甲虫的管理和防治，是全世界共同面对的长期任务，这一任务复杂艰巨、任重而道远。在1860年出版的《农场昆虫》一书中，约翰·柯蒂斯（John Curtis）指出，随着化学和地质学的发展，土地日益肥沃。但相对而言，很少有人关注"那些有害动物"，而它们每年破坏的农产品不可估量。

到19世纪下半叶，"外来物种"不断破坏农作物，日益引起人们的担忧。步入工业化后，西方国家开始扩张和拓展自己的领土，它们不可避免地与外来物种相遇，而且还间接促进了这些物种向新地区迁移。这些无意中受到协助的"移民"威胁到当地主要农作物的产量，进而波及人类的利益，于是，人们对这一迫在眉睫的新生威胁产生普遍恐惧，这种恐惧同样具有象征性，与"9·11"后对恐怖"分子"的恐惧、对移民"蔓延潮"的恐惧或之前对"疯牛病"的恐惧，完全没有两样。

举例而言，科罗拉多甲虫，又称科罗拉多马铃薯甲虫（*Leptinotarsa decemlineata*）就曾带给人们昆虫恐惧症。1824 年，美国著名的昆虫学家托马斯·歇（Thomas Say）首次介绍了科罗拉多马铃薯甲虫：平均体长 10 毫米，有明亮的橘黄色鞘翅，鞘翅上带棕色条纹。马铃薯甲虫原产于墨西哥，19 世纪 50 年代之前，人们认为它们主要生活在科罗拉多州，以当地的一种野草刺萼龙葵为食。19 世纪 50 年代，投机性矿工向西迁移时，无意中把科罗拉多甲虫

内华达州阿玛戈萨谷小学的一名学生正在观察捕获的伪金针虫。

引入马铃薯植株。马铃薯是边疆地区赖以生存的主食作物，科罗拉多甲虫的生命周期与马铃薯植株的生长周期完全一致，于是，马铃薯很快成为马铃薯甲虫取代刺萼龙葵的首选。科罗拉多甲虫贪婪地吞噬着马铃薯的茎和叶，并以"每年 70 英里的速度向大西洋挺进。到 1874 年，它已一路狂嚼到大西洋沿岸"。接下来的 20 年里，科罗拉多甲虫以每周 1 英里（1609.344 米）多的速度蔓延。1876 年，《纽约时报》报道，格林奈尔火车站有 1 英里长的轨道上布满了马铃薯甲虫，轨道上像上了油一样滑，火车轮子转了几圈后，就失去摩擦力无法运转。人们不得不清除马铃薯甲虫，并在轨道上撒上沙土，火车才得以正常运行。

　　美国人一度陌生的马铃薯甲虫，突然蔓延和爆发，威胁着土豆作物，令美国人担忧，也引起了英国人的恐慌。许多英国人对 1846 年至 1851 年的土豆饥荒仍记忆犹新。爱尔兰人也曾遭过一劫：马铃薯是爱尔兰的单一主食，当年，马铃薯植株感染一种低级真菌（马铃薯晚疫病菌）后，爱尔兰至少有 100 万人死亡，另有 100 万人移民。虽然美国昆虫学家认为，马铃薯甲虫只吃茎和叶，而茎和叶不随马铃薯一起出口，因此，进口马铃薯不会带入科罗拉多甲虫及其幼虫，但几乎所有人都相信，如果马铃薯甲虫被带到英国，顽强无比的马铃薯甲虫也将横扫英国。众所周知，成年甲虫的适应力无比强大，一旦登上跨越大西洋的船只，在没有任何食物的情况下，它也有可能在海上航行中存活下来。英国农业商会认为，要想彻底封锁马铃薯甲虫进入英国境内，唯一的办法就是禁止从北美进口商品，包括马

（对页）19 世纪，由吉尔丁牧师（Revd. L. Guilding）赞助，W. 拉登（W. Raddon）蚀刻的《甘蔗甲虫的成虫、蛹和幼虫》。

CALANDRA SACCHARI.

RevL. Guilding, del.   W. Raddon, sculp.

铃薯和其他所有产品。

　　德国、法国、俄国、荷兰和西班牙已采取措施，限制或禁止从美国进口马铃薯，但英国无法切断与美国的贸易联系。到1875年，英国大约50%的小麦必须依赖进口——其中大部分来自美国。新兴的农业昆虫学家恳求英国政府禁止进口美国小麦，但英国政府认为这不切实际。1877年英国政府起草的《破坏性昆虫法案》是欧洲最早的昆虫法案，根据这项法案，英国枢密院有权限制或者禁止可能会将科罗拉多甲虫引入英国的马铃薯及其茎、叶或其他商品交易，有权搬运或销毁任何涉嫌携带甲虫或促其传播的农作物。由于英国积极预防，加上幸运之神庇护，科罗拉多甲虫从未入侵过英国，而该法案只在1901年被执行过一次，是因为当时害虫侵害蒂尔伯里的一块马铃薯地。

　　然而，在世界各地，科罗拉多甲虫仍然一直严重危害着马铃薯、西红柿和茄子。第一次世界大战期间，科罗拉多甲虫无意中被引入西欧，如今它们已在欧洲各个国家（除了不列颠群岛外）扎根繁殖，并穿过东欧和亚洲继续向南、向东蔓延。1950年，苏联发起了一场舆论运动，指责美国空军在东德投放马铃薯甲虫。众所周知，德国人对马铃薯主食的依赖性较高（现在也如此），马铃薯减产严重困扰着东德。苏联情报处认为马铃薯甲虫是美国空军在1950年5月24日晚上批量空投下来的，并公布了一份"官方地图"，显示了美国轰炸机飞越萨克森州的路线。如此看来，东德马铃薯减产是美国进攻的直接结果，而不是东德管理不善。7月6日，美国国务院答复说：

> 值得注意的是，苏联宣传人员借用了纳粹的整个手段。在战争期间，纳粹曾对盟军飞机发动过同样莫名其妙的攻击。毫无疑问，苏联政府在控诉时已经意识到，马铃薯甲虫或科罗拉多甲虫在战前就已经在德国存在了；由于缺乏有效的应对措施，战争期间马铃薯甲虫蔓延迅速；在所谓的美国甲虫计划开始前的几个月，东德傀儡政府就认为马铃薯甲虫对东德经济构成严重威胁。

20世纪上半叶，由于化学杀虫剂的使用，科罗拉多马铃薯甲虫的危害性降低。20世纪50年代，马铃薯甲虫对DDT[①]产生耐药性，此后，无论人们使用何种化学防治方

---

① DDT：dichlorodiphengyltrichloroethane，双对氯苯基三氯乙烷，有机氯类杀虫剂。

法，马铃薯甲虫均产生高度耐药性。

作为全球范围的单一作物，棉花也遭受过害虫的侵扰，尤其是在美国。1556年，棉花被引入佛罗里达州，1607年英国殖民者到达弗吉尼亚州的詹姆斯敦后，开始播种棉花。整个殖民时期，棉花的种植规模都不大。到18世纪下半叶，随着英国对棉花的需求不断增长，纺纱机和织布机诞生了。反过来，这就需要改进棉花种植方法和纤维制备方法，以充分开发新机器的产能。1793年，伊莱·惠特尼（Eli Whitney）发明了轧棉机，可快速滤除棉籽，保留棉纤维，从而为纺纱做好准备。轧棉机的发明标志着现代棉业的开端，此后，美国棉花产量呈指数增长，但土地所有者和投资者的利润仍然严重依赖奴隶劳动。1860年，美国的棉花产量占世界棉花产量的三分之二，棉业给美国南

美国农业部谷物和饲料昆虫处资深昆虫学家威廉·R.沃尔顿（William R. Walton）于1937年创造的不朽的昆虫。

美国食品药品监督管理局教育部门于 1918 年发布的《打败棉铃象鼻虫》教育简报。

LACK OF CONFIDENCE has brought about greater losses in some boll-weevil regions than the pest itself. Remember that some farmers are making more cotton to the acre and more money under weevil conditions than they did before the insect came. Take the care they are taking and reap the same benefits.

BEAT THE BOLL WEEVIL

With a Little More Care at Every Step You—Not the Weevils—Get the Crop

GET A GOOD COTTON CROP

Plant Seed Adapted to Your Locality.

Plant at the Earliest Safe Date.

Grow Less Cotton Per Plow.

Burn or Plow Under Deeply Old Cotton Stalks Before Frost.

Plant Only on Warm, Fertile, Well-Drained Land.

Collect and Destroy all Punctured Squares Weekly, Especially the First Month.

Cultivate Shallow, Often, and Until Picking Time.

Cooperate to Destroy All Cotton Plants Several Weeks Before Frost.

Get Your Community to Grow a Single Early-Maturing Variety of Cotton.

FOR FURTHER INFORMATION

ASK YOUR COUNTY AGENT

State Agricultural College, or U. S. Department of Agriculture, States Relations Service, Washington, D. C.

Get the weevils early—by picking fallen squares—or they will get this year's crop;—but

DO NOT FAIL TO CULTIVATE!

Get the weevils late—by destroying stalks before frost—or they will get next season's crop.

方带来了巨大的财富。

棉铃象鼻虫（*Anthonomus grandis*）是一种深灰褐色甲虫，原产于中美洲和墨西哥，平均体长 6 毫米，鼻子突出，在棉花植株上生活、觅食和繁殖。1892 年左右，棉铃象鼻虫越过格兰德河从墨西哥进入得克萨斯州，在 30 年的时间里，棉铃象鼻虫已遍及整个美国南部棉花种植区，摧毁了棉花，给种植园主和工人带来了巨大的经济损失。1915 年和 1916 年的洪水摧毁了一定数量的棉铃象鼻虫；到 1922 年，棉铃象鼻虫向东部大西洋海岸蔓延，85% 的棉花种植区受到侵害。尽管棉铃象鼻虫的泛滥和南方棉花种植园的贫瘠被认为是黑人向北"大迁移"的主要原因，但黑人迁移的方向和棉铃象鼻虫传播的方向实际上是相反的。棉铃象鼻虫在得克萨斯州肆虐时，佛罗里达州和美国东南部的黑人开始向西向北迁移。因此，黑人的迁移是由东向西，而"棉铃象鼻虫的迁移"是由西向东。

棉铃象鼻虫在民间文化中也留下了不可磨灭的印记。美国民俗学家、音乐学先驱约翰·A. 洛马克斯（John A. Lomax）记录了《棉铃象鼻虫的芭蕾舞》（*Ballet of the Boll Weevil*）的许多地方版本，这是 20 世纪初由黑人种植园工人创作并演唱的一首歌曲。洛马克斯使用了非常具有时代性的语言评价了这首歌，他写道：

> 黑人曾唱过一首歌，这首歌描写了棉铃象鼻虫的入侵、破坏以及昆虫学家为制服它所做的努力。正如在兔子同强大的狐狸和狼的较量中，黑人同情弱小、聪明的兔子一样，在《棉铃象鼻虫的芭蕾舞》

中，黑人也同情被白人攻击的弱小棉铃象鼻虫。这首歌大概有一百个小节，而且在我去过的每一个黑人社区，都会出现新的小节。

在今天的读者看来，洛马克斯的评价有点奇怪，但他的基本解读是准确的：种植园工人怜惜棉铃象鼻虫。这首歌中，重复次数最多的一节是：

> 棉铃象鼻虫，这只黑色的小昆虫，
> 据说来自墨西哥。
> 它大老远来到得克萨斯，
> 正在寻找一个地方住，
> 正在寻找一个家，
> 正在寻找一个家。

这首歌的大部分版本中，都重复了"正在寻找一个家"这一句，尤其是在副歌部分；正如洛马克斯所言：这首歌谣的最后一节，是未受过教育的黑人写的，这样写道：

> "如果有人拿斧威胁，问是谁写了这首歌，
> 告诉他们，是一个皮肤黝黑的人，
> 带着一对蓝鸭子，
> 正在寻找一个家，
> 正在寻找一个家。"

洛马克斯的儿子艾伦·洛马克斯（Alan Lomax）也是一位卓有成就的民间音乐收藏家。1934年，他录制了著

名的《棉铃象鼻虫蓝调》(Boll Weevil Blues)，由里德·贝利 (Lead Belly) 演唱。1943 年，一位评论家评论说，这首歌"算不上是'好'民谣，……只不过是没有受过教育的黑人写的一首歌"，另一位发自内心喜欢这首民谣的美国民俗学家为此辩护："与庞德教授相反，我认为没有受过教育的黑人创作了不少好民谣。"这位民俗学家进一步指出了这首歌谣的微妙之处。这首歌谣写道，象鼻虫需要一个家，但如果象鼻虫有了家，人类可能再也没有家了；这首歌谣用幽默的语调，调侃讽刺了现实：棉花作物的命运，对那些在种植园劳作的黑人来说，并不像对种植园主那么重要。这首歌谣似乎是种植园工人写的，他们认同这只"黑色的小昆虫"，也同情它。整个 20 世纪，这首歌的不同版本层出不穷，传唱的艺术家包括伍迪·格思里 (Woody Guthrie)、埃迪·科克伦 (Eddie Cochran)、帕蒂·佩姬 (Patti Page)、布鲁克·本顿 (Brook Benton)、荷兰摇滚乐队 Shocking Blue、白色条纹乐队 (The White Stripes)，甚至澳大利亚儿歌天团 The Wiggles。

亚拉巴马州恩特普赖斯市，人口约为 25 000 人，有独特的棉铃象鼻虫文化。像南方大部分地区一样，棉业是恩特普赖斯市的支柱产业，恩特普赖斯市为此投入了大量资金，但 1915 年，棉铃象鼻虫来了，结果可想而知。在很短的时间内，该市几乎 60% 的棉花被摧毁，农民不得不转而种植其他作物——主要是花生。到 1917 年，也就是贪婪的棉铃象鼻虫到来的短短两年时间内，该市收获的花生稳居全美第一，打破了"棉花大王"单一种植的农业格局。

〔对页〕亚拉巴马州恩特普赖斯市竖立的棉铃象鼻虫纪念碑。

斑蝥素是一种俗称为"西班牙苍蝇"的斑蝥虫分泌的物质，被用作抗刺激剂，其作用是刺激身体的某个部位，使皮肤起水泡，以缓解另一部位的刺激。

当地居民感激棉铃象鼻虫在这一偶然转变中所起的作用，随后在1919年建立了世界上第一个，也是唯一一个纪念这种农业害虫的公共纪念碑：一位希腊女神双手高高举起一只巨大的棉铃象鼻虫。该雕像位于市中心，其底座题词："谨以此向棉铃象鼻虫致以深深的谢意，感谢棉铃象鼻虫带给我们繁荣昌盛。亚拉巴马州咖啡县恩特普赖斯市市民立。"很少有其他城市能像恩特普赖斯市那样幸运，1978年，美国农业部开始实施根除棉铃象鼻虫计划，该计划包括实施费洛蒙陷阱干扰象鼻虫繁殖、减少象鼻虫食物供应、加强化学控制等。目前，超过80%的棉铃象鼻虫已经从美国

600 万公顷的棉田消失。

　　人类与昆虫进行着持续不断、永无止境的"战争"，但有时候，甲虫是我们的朋友，而不是敌人。也许在害虫防控史上，人们津津乐道的是澳洲瓢虫（*Rodolia cardinalis*）的故事。澳洲瓢虫是澳大利亚本土瓢虫，曾一度拯救了加利福尼亚的柑橘产业。1887 年，加州的柑橘产业虽尚处于起步阶段，但利润丰厚，前景一片光明。然而，一种半翅目昆虫，吹绵蚧壳虫（*Icerya pachasi*）却危害着柑橘产业，加州种植者对此头疼不已，加州水果种植者协会也是忧心忡忡。于是，美国农业部昆虫学家查尔斯·瓦伦丁·莱利（Charles Valentine Riley），也是昆虫学部门的负责人，临危受命，负责解决这个问题。莱利知道这种吹绵蚧壳虫来自澳大拉西亚，但他不确定是来自澳大利亚还是新西兰（实际上，吹绵蚧壳虫是 19 世纪偶然从澳大利亚传入新西兰的），他认为吹绵蚧壳虫是跟随 1868 年

正在食蚜虫的瓢虫幼虫。

进口到门洛帕克市的金合欢（可能是袋鼠金合欢，*Acacia paradoxa*）一起到达加利福尼亚的。

莱利以做事雷厉风行而闻名，他大力宣传农业昆虫学的重要性，倡导广泛建立农业研究机构。很快，他就派了一名工作人员，即德裔美籍人阿尔贝特·克贝尔（Albert Koebele），前往澳大利亚。1888 年 8 月，克贝尔来到澳大利亚，他的任务是在野外找到吹绵蚧壳虫的天敌，并将它们带回加州。1888 年 10 月，他已经找到了双翅目寄生虫隐芒蝇（*Cryptochaetum iceryae*）（一种苍蝇）和三种捕食性幼虫：一种草蛉虫和两种瓢虫幼虫。这两种瓢虫就是澳洲瓢虫，克贝尔在南澳大利亚阿德莱德北部的一个花园中发现了这种以吹绵蚧壳虫为食的瓢虫。

1889 年 11 月至 1890 年 1 月，克贝尔向洛杉矶同事丹尼尔·W. 科基莱特（Daniel W. Coquillet）发送了三批澳

山谷接骨木天牛（*Desmocerus californicus dimorphusa*）。

洲瓢虫：共129只。这些澳洲瓢虫被释放到洛杉矶 J.W. 沃
尔夫斯基尔农场一棵受侵染的橘子树上，橘子树的外围罩
上帐篷，这里也就成为加州第一所昆虫研究室。这些澳洲
瓢虫自由地生活和繁殖，很快，吹绵蚧壳虫就被消灭了。
1890年4月，它们被引入果园内邻近的橘子树上，也迅速
有效地消灭了吹绵蚧壳虫。于是，科基莱特做出了一个大
胆、乐观的决定，他决定在全州散布澳洲瓢虫：到1890年
6月，他已经将10 555只澳洲瓢虫分发到了228家果园。
捷报频传，且无不良影响。一年之内，洛杉矶县柑橘的年
产量从700车增加到2000车。

1929年，洛杉矶县的年度园艺报告指出，有103名雇工饲养益虫，其中包括分布在4450公顷果园的600万只瓢虫。引进澳洲瓢虫开启了现代生物防治方法的先河。如今，澳洲瓢虫连同寄生蝇（*Cryptochetum iceryae*）还在继续抑制吹绵蚧壳虫的数量，从而提高了柑橘产量。

澳大利亚向美国出口有益甲虫时，自己也面临着一场迫在眉睫的甲虫大战。19世纪60年代中期，澳大利亚开始种植甘蔗：甘蔗种植从昆士兰州南部开始，北至昆士兰北部莫斯曼，南到新南威尔士州北部的格拉夫顿，主要集中在沿海平原和河谷。目前，澳大利亚是世界上第三大原糖供应国，其年产量达450万~500万吨，价值为15亿~25亿美元，80%用于出口。1872年，澳大利亚开始种植甘蔗后不到10年，位于布里斯班北部970公里的昆士兰州麦基镇种植者报道，蛴螬严重危害甘蔗。蛴螬是"甘蔗甲虫"的幼虫，甘蔗甲虫是对各种特别喜欢啃食甘蔗的甲虫的统称。整个19世纪80年代，赫伯特、约翰斯通和凯恩斯地区经常出现蛴螬侵扰甘蔗的报道，但规模不大，没有引发种植者的恐慌。然而，90年代中期，麦基、赫伯特、约翰斯通和艾西斯郡地区甘蔗大大减产，种植者开始忧心忡忡。至此，这个问题才引起昆士兰州政府的关注。昆士兰属热带气候，气候异常潮湿。昆士兰州政府一直提倡种植甘蔗，想方设法让甘蔗生长在昆士兰。1911年，糖商和甘蔗种植者最终促使昆士兰糖业实验站管理局（Bureau of Sugar Experiment Stations，BSES）雇了一名昆虫学家，并成立了昆虫研究部门。接下来的40年里，更多的昆虫学家加入这个部门，

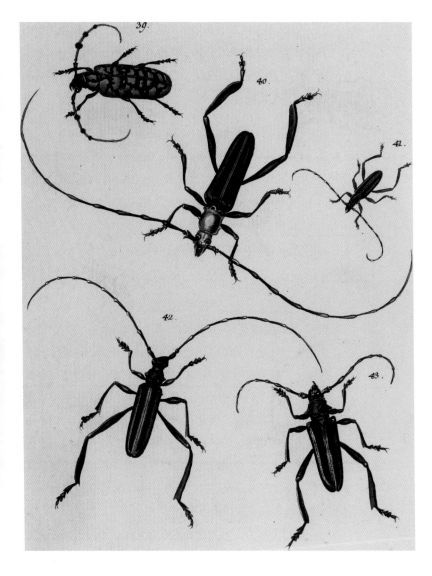

共同研究甘蔗甲虫的生理习性和防治方法。

1917 年，昆士兰州最早的昆虫学家之一、昆士兰糖业实验站管理局员工埃德蒙·贾维斯（Edmund Jarvis）生动地描述了甘蔗甲虫的夜间飞行，这在夏季的甘蔗种植区几乎是司空见惯的场景：

> 站在甘蔗田里，犹如置身于一大群甲虫之间——乍一看有几千只——这些甘蔗甲虫方向感差，乱飞乱撞，不断撞到甘蔗叶上，突然撞击产生的"啪啪"声，数码之外，清晰可辨。跟随这种高低起伏的噪声和无数甘蔗甲虫发出的持续嗡嗡声，原本寂静的空气，也随之波动起来。

为了对付甘蔗甲虫，人们使用了各种化学防控方法，但都无济于事，甘蔗甲虫依然泛滥成灾。1935 年初，雷金纳德·W. 穆格莫瑞（Reginald W. Mungomery）掌管昆士兰北部戈登维尔和凯恩斯之间的墨林加及其周边地区，负责解决甘蔗甲虫问题。穆格莫瑞了解到波多黎各为拯救甘蔗业，引入美洲巨蟾蜍（又名甘蔗蟾蜍），这种蟾蜍以南美的甘蔗甲虫为食，因此波多黎各成功控制住了甘蔗甲虫的蔓延。1932 年和 1934 年，夏威夷和菲律宾也引入蟾蜍控制甘蔗甲虫。穆格莫瑞不满贾维斯的考察进度，他觉得没有必要进行谨慎性测试，于是，他自作主张，冒险前行，决定在澳大利亚依样画葫芦。

1935 年 6 月，穆格莫瑞前往夏威夷，带回了 102 只美洲巨蟾蜍，其中 51 只为雄蟾蜍，51 只为雌蟾蜍，投放到墨林加一个专用池塘里，蟾蜍开始迅速繁殖。之后，他们在凯恩斯和因尼斯费尔地区投放了更多的蟾蜍，1935年年底，联邦卫生总干事禁止继续投放蟾蜍，担心它们"可能消灭有经济价值的昆虫"。显而易见，投放蟾蜍前，穆格莫瑞并没有考虑蟾蜍将给昆士兰的环境带来什么影响，更没有考虑如果带来不利影响的话，该如何解决这一问题。然而，1936年9月，禁令解除，蟾蜍继续被投放到昆士兰州沿岸的产糖区，向南甚至到达班德堡。

人们很快发现，引进美洲巨蟾蜍大错特错。在此之前，所有控制甘蔗蛴螬的方法，都进行了谨慎性测试，而轮到使用甘蔗蟾蜍时，所有谨慎性测试都被抛诸脑后，糖业实验站管理局的昆虫学家似乎也没有进行释放前测试，来确认蟾蜍是否吃甘蔗甲虫。1939年，糖业实验站管理局报告称"甘蔗田里的蟾蜍数量不足以使害虫数量实质性减少"。

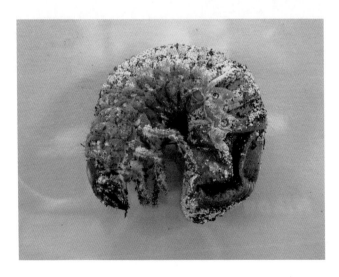

感染了绿僵菌的甘蔗甲虫幼虫，其背已发灰。绿僵菌是生物农药"Bio-Cane"中的活性成分。

对蟾蜍胃内容物的调查显示，一些蟾蜍已经开始大吃甘蔗甲虫了，但很明显，要想大量减少甘蔗甲虫数量，目前蟾蜍的数量显然不够。1939 年以后，糖业实验站管理局的报告中再也没有提到蟾蜍的功劳。

"甘蔗蟾蜍"一下子在澳大利亚出名了，被认为是昆士兰州的标志性动物，与此同时，它也成为昆士兰州及其周边地方严重的有害生物。甘蔗蟾蜍继续向南、向西蔓延，扩散到昆士兰州 50% 的领土、新南威尔士州一小部分和面积为 120 万平方公里的北领地。受到威胁时，蟾蜍会从头部两侧的腺体喷出有毒液体，这对许多本土动物来说极其致命，因为它们还没有时间适应这种外来动物的存在。

1967 年，乔治·博尔奈米绍（George Bornemissza）将蜣螂引入澳大利亚。澳大利亚牧场牛粪遍地，易滋生苍蝇，蜣螂可分解牛粪。

与此同时，甘蔗甲虫仍然严重威胁着澳大利亚甘蔗业；从1947年开始，蔗农大量使用化学杀虫剂"六六六"（六氯环乙烷，现在已探明致癌）来控制甘蔗甲虫，但1987年，由于在出口的食品中（不是糖）发现了微量六氯环乙烷，澳大利亚政府开始禁止使用"六六六"。如今，昆士兰州采用多种方法来对付甘蔗甲虫，使用能杀死蛴螬或能减缓它们发育的新型杀虫剂，采取综合病虫害管理策略，或培育抗虫甘蔗新品种等。

害虫的繁殖、活动和传播通常称为"入侵"，但这个术语无法准确描述实际情况。具体而言，"入侵物种"一词常常赋予生物物种侵略性本质，暗含受其影响的人类是被动无辜的。这或许有助于我们理解非常复杂的物种间关系，但我们受其误导，容易忽视相关细节，产生错误判断。山松甲虫（*Dendroctonus ponderosae*）的例子就有力地证明了人类不愿意承认的事实：正是人类利益和人类行为在很大程度上造就了"害虫"。

山松甲虫原产于北美的松林，深灰棕色，平均体长5毫米，是加拿大不列颠哥伦比亚省历史上最严重的松林害虫，目前已经蔓延到美国科罗拉多州、怀俄明州、内布拉斯加州和南达科他州。在科罗拉多州和怀俄明州，山松甲虫自1996年爆发以来，已经毁坏了超过160万公顷的松林。在加拿大不列颠哥伦比亚省，山松甲虫的主要宿主是树龄60年以上的成年美国黑松（*Pinus contorta*）。夏天时，成虫抵达美国黑松，钻透外层树皮，在韧皮部钻出垂直通道。钻蛀通道时，山松甲虫产生信息素，吸引其他山松甲虫到来。山

松甲虫将卵产在通道里，孵化成幼虫后，幼虫继续以韧皮部组织为食。山松甲虫的群体攻击会严重破坏松树内水分和营养的流动，导致松树死亡。由于每年被山松甲虫蛀死的松树数量众多，回收性采伐已成为不列颠哥伦比亚省松木业重要的组成部分。一旦被山松甲虫蛀死，松树可能会在毫无征兆的情况下轰然倒地，因此，森林里随处可见警示牌，警告露营者和司机，小心被突然倒下的树木砸伤。

历史上，不列颠哥伦比亚省山松甲虫的数量受两个因素制约：一是初冬时节突然降临的寒流，气温下降到 −30~−40℃，幼虫死亡率很高；二是频繁的火灾，频繁的火灾将减少山松甲虫的主要宿主美国黑松的数量。由于全球变暖，不列颠哥伦比亚省中部已经有 30 年没有寒流出现了，而在过去 50 年里，人类采取积极的灭火计划，山松甲虫宿主美国黑松茁壮成长，从而促进山松甲虫数量激增。因此，人类直接或间接地促成了目前的虫害状况。

正如 V. 海恩斯（V. Haynes）所言，不列颠哥伦比亚省山松甲虫虫害反映出来的表象缺乏明确、理性的剖析。当地居民被煽动起了对山松甲虫的敌意，认为它们是整个危机的罪魁祸首，而不进行更深层次的思考。人们不愿意承认森林管理不善是山松甲虫泛滥的主要因素，于是他们气急败坏、失去理智地把山松甲虫描绘成恶毒的入侵者。当地许多虫害宣传都歪曲了事实，其中，加拿大电视网的

1912 年，法国人制作的反土耳其宣传画，将土耳其统治者苏丹描绘成一只被长剑钉住的甲虫。

一则商业广告表示，"黑松森林"和"完美家庭"是毁灭性极强的山松甲虫的无辜受害者；不列颠哥伦比亚皇家博物馆的展览亦是如此。海恩斯记录道，参观者沿着走廊走向山松甲虫展览时，会看到一幅全景图，熊熊大火在燃烧，伴随着刺耳的警笛声、直升机的隆隆声和火焰吞噬山林的噼啪声等声音特效。然后，山松甲虫出现了，放大了100倍，看起来更具有威慑性、破坏性和异域性。甲虫展览的主题是"狂热的甲虫"，与甲壳虫乐队一语双关。人们可能会认为甲虫的泛滥与披头士音乐的流行之间存在着某种联系，但这种联系并不会使人们对甲虫产生任何好感。相反，如此妖魔化山松甲虫，反而误导参观者把森林管理不善的责任归咎到山松甲虫这个替罪羊身上，其实，正是人类管理不善给森林造成了损害。

这样的宣传，即使是由公共博物馆这样权威、可信的机构发布，也只不过是片面的宣传，不能达到教育公众的目的。事实上，人们在推广化学杀虫剂以及描绘害虫时，经常大量借用战时描绘"敌人"的惯用技巧。进入20世纪后，人类面对害虫时，昆虫学家扮演了新的角色，这也赋予了"科学"全新的军事化角色，促使"科学"适应战后全球需要。1964年，《科学新闻》（*Science News-letter*，后改名为 *Science News*）杂志在一篇题为"对抗昆虫的战争"的文章中，清楚地阐明了这种转变：

> 我们的孙辈可能永远也见不到蟑螂、日本甲虫或玉米穗虫。新的科学武器将全部消灭这些害虫。

这些武器对昆虫致命，对人类安全……昆虫专家，
也就是昆虫学家，正从六个方面打响了一场昆虫研
究之战。

如果篇章允许，我还可以列举更多甲虫害虫的例子。
每个例子后面都有一段故事，每段故事都揭示了人类与甲
虫之间已经形成、并将继续形成的复杂的物种间关系。例
如，大谷蠹（*Prostephanus truncatus*）几十年来一直是中
美洲的害虫，危害玉米储藏。1981 年，大谷蠹传到坦桑尼
亚，成为坦桑尼亚新害虫。自此以后，大谷蠹传遍整个非
洲。众所周知，在非洲，玉米储备是生死攸关的问题，而
通过先进的虫害防治措施来控制虫害的可能性不大。20 世
纪 80 年代，亚洲长角天牛，又称光肩星天牛（*Anoplophora
glabripennis*），无意中引入北美；亚洲长角天牛贪食木材，
已经破坏了中国 40% 的杨树林（约 240 万公顷），美国
35% 的城市树木面临被侵害的风险。得益于美国积极的防
护措施，亚洲长角天牛已在新泽西州、斯塔滕岛和曼哈顿
区灭绝，在周边地区的数量也在减少。但是最近，亚洲长
角天牛在长岛卷土重来，美国农业部不得不加派工作人员，
一举将其彻底消灭。世界各地的博物馆必须对标本圆皮蠹
（*Anthrenus museorum*）时刻保持警惕。它们的幼虫以动物
角蛋白为食，而动物角蛋白是构成毛皮、羽毛和羊毛的主
要蛋白质，因此，标本圆皮蠹对许多珍贵的博物馆藏品构
成威胁。归根结底，人类根据甲虫造成的实际损害和破坏，
将甲虫视为害虫，这是人类社会日益全球化的必然结果；
这或许提醒我们，我们发展先进的农业和交通技术，企图

使人类高高在上，其实到头来只不过是与自然界越来越紧密地融合在一起。

美国国防部高级研究计划局（Defense Advanced Research Projects Agency，DARPA）专门从事前沿技术研究，其中有一项新项目令人不安，该项目体现了人类与甲虫之间的关系虽日益亲密，但却出奇地疏离。这项研究虽涉及对甲虫的管理，但它与改善农业或减少疾病无关，至少目前看来是这样。2006年3月，美国国防部高级研究计划局发布了一份提案征集书，公开征集新项目提案，该项目名为"昆虫混合微机电系统"，简称HI-MEMS，旨在征集"创新性提议，在昆虫早期变态阶段，通过在幼虫体内密切集成微系统来研发制造昆虫电子人的技术"。出于某种未知的原因，国防部决定在昆虫发育过程中，将微芯片植入昆虫（后来证实主要是甲虫）的脑组织。这样，昆虫的大脑集成嵌入式微电路，昆虫电子人就产生了。就像现在越来越多的无人机（unmanned aerial vehicle，UAV）一样，人们希望能够远程或者通过全球定位系统（global positioning system，GPS）控制这些"昆虫机器"。

昆虫学家的反应各不相同，但大多对此持悲观态度。很少有人相信人类可以成功"劫持"甲虫的大脑，随意控制它们的行动。这一切听起来像是科幻，仿佛来自《终结者》中描绘的未来世界，令人不寒而栗。然而，2008年1月，在发出提案征集书不到两年的时间里，人类首次实现了直接控制昆虫飞行的梦想。在昆虫早期变态发育过程中，在昆虫大脑置入微探针和电子器件，待成虫后，人类再通过

（对页）集栖瓢虫，又称毛斑长足瓢虫（*Hippodamia convergens*），常见于北美。

微探针和电子器件来操纵翅膀的运动，这样，人类的梦想就实现了。2009年，美国实现了首次用无线电控制电子甲虫自由飞行：该系统包括一个无线电频率接收器组件，一组微电池和一只活的巨型花金龟（*Mecynorrhina polyphemus* 或 *Mecynorrhina torquata*）。飞行指令通过 USB/串行接口，由"甲虫指挥官 v1.0"软件，无线传输到甲虫身上的接收器。这是控制论领域一项令人震惊的壮举，也像一件非常昂贵、有点疯狂的科学产品。视频采访首席研究员米歇尔·马哈比兹（Michel Maharbiz）时，人类"玩弄"甲虫的感觉油然而生：在展示如何远程控制毛象大兜虫（*Megasoma elephas*）时，他用铅笔碰触一只蛰伏（或死亡）的毛象大兜虫时，说道："这家伙飞起来时像一架直升机，很可爱。"

当然，"劫持"甲虫的大脑以控制其运动，这种想法有点怪异——大多数国家不会这样做，这不仅是因为他们负担不起高额的费用，也因为这不符合人类和甲虫和谐共存的愿景。但在许多国家中，认为甲虫是玩物的人，数量惊人，即使在那些每年军费预算不足5000亿美元的国家也是如此。甲虫不能说话，因此它们不能反抗。昆虫的痛苦，通常会被认为是一种与人类痛苦截然不同的痛苦，因此，人类认为昆虫的痛苦不能称之为痛苦。人类为什么不把它们当成小型机器人呢？毕竟，它们的行为举止就像为特定任务"预先编程"的一样。

可是问题就在于甲虫不是机器人。因此，把它们当作机器人，不仅会对它们造成伤害，还会让我们无法进一步了解它们的奥秘。1996年，人类做过一项研究，旨在测试

2015年3月的《当代生物学》封面，展示了一只装有微电子机械系统的花金龟。

犀牛甲虫在跑步机上的承载能力，并假设它们的代谢率与总负重成正比。研究发现，犀牛甲虫可以在负重超过体重30倍的情况下保持恒定的代谢率，这太出人意料了。承载1克额外负荷的代谢成本，是承载1克自身体重成本的1/5。生物力学和运动代谢能量消耗的传统模型无法解释这一现象。按人类传统理解，犀牛甲虫做不到这些。人类无法解释犀牛甲虫承受如此巨大的外部负荷时，如何做到代谢率保持不变的。也许，这些研究表明，甲虫不是工厂里按设计图纸制造出来的标准产品。相反，它们和人类及其他物种一样，来自地球自身更复杂模糊的生态系统。甲虫的奥秘很多，而视它们为机器人，虽然打开了了解它们的窗户，但也会关闭其他了解它们的窗户。也许，人类视甲虫为机器的想法，更多地映射出人类社会及其成员已经把自己与机器相提并论了。

THIS is the BEETLE, –
with her thread and needle.

第五章　甲虫与流行文化

犀牛甲虫隶属于鞘翅目金龟子科犀金龟科亚科（*Dynastinae*），可能是甲虫家族中神秘莫测、知名度最广的甲虫。犀牛甲虫体形较大，通体黑色，有明显突出的分叉角（雌性犀牛甲虫没有角），交配季节常与其他雄虫上演"夺妻大战"。与体形更大的哺乳动物相比，犀牛甲虫毫不逊色。木犀金龟属（*Xylotrupes*），又称姬兜属甲虫，分布在东南亚和澳大利亚，通常体长60毫米，有头角和胸角两个长角，易于辨认。每个角的末端都有轻微的分叉，可夹在一起，但力量不大。受惊扰时，它们会用鞘翅摩擦腹部，发出响亮的嘶嘶声，这一防御机制听起来很有威慑力，类似于蛇发出声音。不过，这一阵势只不过是唬人的伎俩；犀牛甲虫对人类无害，可安全处理。

泰国北部的村庄有一项独特的传统文化活动：斗甲虫。犀牛甲虫，当地称为Kwang，便是这一活动的主角。斗虫者把训练有素的"种子选手"带到竞技场上一决高低，赢家则独揽盛誉。雄性犀牛甲虫被拴在削了皮的甘蔗茎上，坐吃甘蔗汁，静静等候使命的到来。一根空心的竹木充当竞技场；旁边笼子里放着一只雌性犀牛甲虫，它释放的信息素能诱使雄虫互相争斗。两只犀牛甲虫被放置在竹木的

（对页）"一只穿针引线的甲虫"，是理查德·韦恩·基恩（Richard Wynn Keene）（1809—1887年）于1860年设计的哑剧角色。

137

1880年，在印度马德拉斯发现的镶有宝石甲虫（*Sternocera aequisignata*）彩虹鞘翅的纺织品。

两端。然后，斗虫者使用一只小小的、有缺口的触针，在竹木上搓来搓去，发出振动的诱导信号，与犀牛甲虫"交流"，诱导犀牛甲虫互相争斗。至于这些举动原理为何，又有多大效用，我们不得而知。一旦犀牛甲虫有从侧面滑落的危险，或者当一只犀牛甲虫处于绝对优势时，斗虫者可转动竹木，挽回局势。通常情况下，犀牛甲虫会低头威胁，然后以角相撞，再企图夹住、举起对手，扔出竞技场。一轮游戏结束后，斗虫者通常会拿起自己的犀牛甲虫，用力摇晃，然后再把它放回竞技场；这似乎是"重置"按钮，告诉犀牛甲虫忘记上一场较量，重新开始战斗。

尽管世界各地都很欣赏斗虫，但亚洲文化似乎对它情有独钟。2003年，日本电子游戏公司世嘉（Sega）发行了街机游戏《甲虫王者》(*Kontyu Ouja Mushi King*)，也称《鞘翅目之王：虫王》(*King of Coleoptera: Bug King*)。这款游戏印制了各种可收集的甲虫卡片（共856张），由自动售货机售卖，玩家通过刷卡的方式在机台上对战。2011年，D3 Publisher游戏公司发行的《地球防卫军：决战昆虫》(*Earth Defense Force: Insect Armageddon*)讲述的是全副武装的人类战士与一群蜂拥而来、冷酷无情的外星虫类敌人战斗的故事。但《甲虫王者》的故事情节并非如此。《甲虫王者》是街机游戏，传达了甲虫的昆虫学和生态学寓意。游戏背景宏大，游戏里的甲虫就是现实中生存的甲虫，而且分类科学，它们上演的战斗（包括各种"连招"）是为保护森林免受破坏。《甲虫王者》在街机上发行后大获成功，不久以后，《甲虫王者》也登陆了其他游戏平台，如任天堂公司的便携式游戏机GameBoy Advance和索尼集团家用游戏机PlayStation。后来，《甲虫王者》还改编成动画电影，日本各地每年也会举行《甲虫王者》游戏竞赛。截至2005年，世嘉在日本5200个场所安装了1.35万台游戏机，售出2.56亿张《甲虫王者》卡片，每张售价100日元（约合1美元）。该游戏还风靡菲律宾、新加坡和中国台湾，那里也出现了这款街机游戏的各种版本。为宣传《甲虫王者》，日本航空公司曾在一架客机上喷绘了巨幅彩色《甲虫王者》图案。

《甲虫王者》掀起的热潮虽未波及西方国家，但足以表明日本人对甲虫情有独钟。日本儿童喜欢收集昆虫，他们对昆虫的各个形态表现出强烈的兴趣。夏季是昆虫活动最活跃的季节，此时，日本的一些百货公司会在宠物区划出专门的昆虫区，出售各种甲虫、收集和饲养甲虫的设备以及普通昆虫学书籍。早在1999年，那些无法亲自到商店购买甲虫的人，就可以在特定的自动售货机上买到甲虫了，这让一些动物保护组织大为恼火。日本"保护自然与动物公民组织"（Citizens' Group to Preserve Nature and Protect Animals）的一位成员抱怨道，将活生生的生物像"软饮料和香烟"一样售卖，贬低了生命的价值，无益于儿童身心健康。他还特意补充道："甲虫不是电子宠物。"

"电子宠物"这一术语来源于一种手持式虚拟宠物模拟游戏，虽然甲虫不是电子宠物，但很多人很容易把它们看作"机器人"生物，这反过来又助长了把活甲虫视为"玩具"的观点。收集甲虫的做法从本质上把甲虫置于活物和物品

澳大利亚布里斯班的甲虫酒吧。

140

弗兰克·R.保罗（Frank R. Paul）于1929年6月为美国科幻杂志《惊奇故事》绘制的封面。

之间，或者两者兼而有之：一方面，甲虫可以作为有知觉的个体存在，可以支配自己的行为；另一方面，甲虫很容易被当作"机械"商品，人类可以买卖、杀死和用大头针固定甲虫，也可以像买苏打水一样，从售卖机上购买甲虫。玩具机器人已经融入了日本的流行文化，所以甲虫在日本市场上随处可见也就不足为奇了。事实上，自2007年以来，日本万代玩具公司已经生产了一系列节肢动物机器虫，称为"赫宝"（Hexbug）机器虫，其中有一款是圣甲虫，尽管它看上去更像是一只小螃蟹。

早在20世纪90年代末，东京东武百货商店曾以500万日元的高价出售一对罕见的鹿角虫（锹形甲虫）。进入21世纪后，甲虫热逐渐风靡日本。2002年，日本进口了约68万只甲虫，其中犀牛甲虫和鹿角虫有30多万只，主要进口地为南亚和东南亚。2006年，活体昆虫和昆虫标本的市场需求量达到新高，很多物种被炒出天价，在日益严

儒勒·米什莱于1883年所著的《昆虫》中的插图细节。

峻的形势下，一些昆虫学家开始担忧稀有昆虫物种的命运。1999年，日本一家商店被盗了一批价值800万日元的80只活鹿角虫，国内外品种皆有。2003年，两名日本公民因在豪勋爵岛非法偷猎600只澳洲金锹（*Lamprima insularis*）而被捕。还有更过分的：在尼泊尔，日本收藏家竟然为了抓鹿角虫而不惜砍伐树木。

除了《昆虫图鉴》和其他带插图的昆虫指南的书籍外，19世纪昆虫畅销书籍的译本在日本也很受欢迎。让-亨利·法布尔的作品广受好评，维多利亚时代和世纪之交的昆虫畅销书籍通常制作精美，向读者打开了一个光怪陆离的"昆虫世界"，唤起读者的共鸣和新奇感。"昆虫世界"这一术语最早出现在18世纪初的诗歌里，19世纪成为昆虫学词汇。法布尔的《昆虫记》（1879—1907年）原版为法语，共10卷，后被众多日本出版商翻译出版，成为老少皆宜的读本。许多昆虫电影也受《昆虫记》影响，如1996年拍摄的《微观世界》（*Microcosmos*）。事实上，法布尔的作品之所以成为19世纪写作风格典范，备受后人追捧，就在于它老少皆宜，大人和儿童读来饶有兴致；尽管我们已长大成人，但面对神奇的昆虫世界，我们都像孩子一样充满了好奇。2005年，日本便利店7-11发布了一系列可供收藏的微型昆虫小摆件，包括一些甲虫和法布尔本人的小摆件，这些小摆件被固定在各种软饮料的瓶盖上，这进一步佐证了法布尔在当代日本的受欢迎程度。

甲虫是最常见的昆虫种类之一。然而，为什么昆虫，尤其是甲虫，在日本比在其他国家更受青睐？这个问题很难回答。除了"贫穷之神"将红毛窃蠹，俗称报死虫（*Xestobium rufovillosum*）作为侍从外，鞘翅目昆虫在日本神话中并无一席之地。红毛窃蠹在腐烂的木头上钻孔，发出"咔嗒"的声音，通常预示着神灵的出现。众所周知，昆虫历经"大灭绝"幸存下来，这恰好体现了日本坚韧不拔的精神——日本是一个经过了大规模毁灭性武器袭击还能渐渐恢复国力的国家。确实，从许多日本漫画的主题就能看出，"二战"后的日本宛如真正经历过"世界末日"。日本知名漫画家手冢治虫（Osamu Tezuka）（1928—1989年）完美诠释了甲虫、自然和动漫之间的关系，其代表作有《铁臂阿童木》（*AstroBoy*）和《森林大帝》（*Kimba the White Lion*）。手冢治虫从小就热爱昆虫。在乡下生活时，他热衷于收集昆虫；起笔名时，他想到了一种在地面上爬的甲虫，日语称为Osamushi，因此他的笔名中多了个"虫"字。手冢治虫创立了虫制作株式会社，位于东京，制作了《铁臂阿童木》《森林大帝》等动漫作品，广受好评。

众所周知，随着工业化和城市化的发展，我们与大自

1880 年制造的龟甲虫耳环。

然的接触日益减少，我们对自然万物的兴趣转向工艺品。从日本对待甲虫的态度中可看出，工艺品目前介于自然产物和人工制品两者之间。人类对工艺品的兴趣最终可以将人类引向自然，反之亦然。甲虫显然是自然产物，从审美角度看，它们标致统一，仿佛经过了天然抛光，看起来就像现代经济中批量生产的工艺品。日本百货商店出售收集活体昆虫的设备，索尼 PlayStation 游戏机则推出了昆虫类视频游戏《甲虫收集》（Za Kontyu Saishu）：玩家在其中扮演一个 10 岁的男孩，配备了捕虫网、广口瓶和昆虫喷雾剂等装备，需要在太平洋岛屿上收集 300 种逃逸的昆虫，然后将其送回当地昆虫学家高木博士的实验室。甲虫的文化寓意还体现在它转变成一种符号或象征，与真实的、活生生的甲虫共存。在当代消费文化中，真实的、活生生的甲虫可能被夹在中间，处境尴尬：活着的时候就被塞进包装盒里，像玩具一样从售卖机售卖——从动物变成了人工制品。日本人偏爱甲虫，这已经成为一种流行文化，渗透到生活的方方面面，这也提醒我们，我们可能生来就对某种动物（例如昆虫）怀有排斥感，而人类社会则进一步强化和培育了这种情感，甚至有时候促使我们改变这种情感。此外，甲虫也经常激发我们反思人类社会本身，让我们重新定义自我，审视与人类社会共存的其他物种。

19 世纪，昆虫拟人化开始在欧洲流行。昆虫拟人化不仅贯穿了儿童文学、动物故事和通俗自然史的"黄金时代"，也融入了更加广阔的科学和文化环境，彻底打破了人类和其他动物之间的界限。保罗·德·穆塞有一部小众作品——《磕头虫的痛苦》，由知名插画家 J.J. 格兰德维尔为其做插

144

图。书中一位天牛巫师告诉年轻的磕头虫，他这一生将饱受磨难，因为他看透了"人生"百态。一只甲虫带着磕头虫去沙龙结交了音乐家、画家和许多品行有失的雌虫，形形色色的昆虫勾勒出昆虫之城的众生相，但磕头虫更喜欢脚踏实地与瓢虫为伴。书中有一幅插图，一只黑脸天蛾（背上有夸张的骷髅形斑纹）在一块大帆布上创作了一滴水中的微观世界，水中的微生物正在进行一场激烈的部落战争。这位蛾子艺术家作画时，一群甲虫赞助人簇拥在他周围。这让我们明白，昆虫和我们一样，显微镜揭示的一滴水中的微观世界是遥远、未知且陌生的。昆虫艺术家将微生物拟人化，将它们描绘成兼具昆虫和怪物的特点，这也映衬了 19 世纪流行将微生物拟人化为"怪物"的潮流，当然，这一潮流一直延续到今天。据德·穆塞解释，格兰德维尔借"昆虫世界"中昆虫的主观性来指代当代"人类世界"中人类的主观性。

甲虫是"昆虫世界"中的演员——在这一灵感的激发下，1912 年，生于立陶宛，在俄罗斯工作的拉迪斯洛夫·斯塔维奇（Wladyslaw Starewicz）执导了最早的定格动画电影《摄影师的复仇》(*The Cameraman's Revenge*)。斯塔维奇将昆虫和昆虫世界的讽喻性质与当代电影、微电影和观众的心理变化结合起来，拍摄了这部充满魅力、开拓性的电影。斯塔维奇运用了充满想象力的拟人化手法，透过复杂的多重视角，讲述了一对甲虫夫妇间的故事，讽刺了人类夫妇间的不忠。更巧妙的是，影片还探讨了电影中的窥探癖，讽刺了当时的偷拍行为和人类对昆虫活动的观察行径。甲虫先生与蜻蜓舞者有私情，而甲虫夫人与蟋蟀艺术

拉迪斯洛夫·斯塔维奇于 1912 年拍摄的《摄影师的复仇》中的场景。

家有私情。甲虫先生和蟋蟀艺术家都在夜总会向蜻蜓舞者求爱，蟋蟀因此对甲虫先生心生怨恨。蟋蟀是一名摄影师，他通过旅馆房间的钥匙孔偷偷拍下了甲虫先生和蜻蜓舞者的"幽会"。甲虫先生回到家，发现蟋蟀艺术家和自己的妻子在一起，他斥骂了妻子，又把蟋蟀痛揍一顿。后来，甲虫夫妇达成了和解，两人一起来到电影院，他们看的电影名叫《不忠的丈夫》——甲虫先生不知道的是，这部电影是蟋蟀摄影师拍摄的，同时他也是这场电影的放映员。电影开始了，甲虫夫妇和所有昆虫观众看到的竟是甲虫先生和蜻蜓舞者的"幽会"场面。甲虫夫人歇斯底里地发作起来，甲虫先生跑去殴打摄影师（放映员），放映室着起了大火，甲虫夫妇最终双双入狱。

　　《摄影师的复仇》以昆虫喻人，采用了长期以来人类寓言故事惯常的手法——描写动物的自然行为，或是将人类的特质（如不道德的行为）转移到动物身上，让人们观影后都能获得深刻而普遍的教训。这也使斯塔维奇有机会展现激动人心的甲虫大战——他本来打算用活体昆虫拍摄，但照明设备产生的热量影响了它们的表现。《摄影师的复仇》用动态图像作为主要叙事手段，电影本身当作复仇的工具，特别提到了 20 世纪初新兴的视觉文化以及观众心理、窥探癖、真理等问题。《摄影师的复仇》呈现的视觉文化，还包括观察和表现昆虫的新方法。除了它们的手势、直立姿势和偶尔穿的衣服与真实的昆虫不同外，斯塔维奇的昆虫演员都是按照真实的昆虫大小忠实地复原的，看起来栩栩如生。对于人类观察者来说，《摄影师的复仇》描述的是昆虫世界，不涉及人类世界。然而，这个世界又是昆虫（自然）和人类（文化）的奇特混合——这里有缩小版的房屋、电影院、夜总会和汽车——这些东西都是昆虫世界的一部分，电影中的故事说不定就在谁家的花园里发生过呢。这部电影将人类世界和昆虫世界奇异地融合在一起，展现了两个世界互相映射的主题，同时也证明了电影作为视觉和体验手段对观众影响深远。

甲虫是定格动画电影的"演员"，也是早期"特技电影"变形主题的灵感来源。1907 年，塞冈多·德·乔蒙（Segundo de Chomón）拍摄的《金甲虫》（The Golden Beetle）上映。影片中，魔术师抓住一只巨大的金甲虫，把它扔进大锅里，锅里突然燃起熊熊火焰，金甲虫变为一个长着蜻蜓翅膀的女人，抖动着翅膀出现在火焰上方。最后，蜻蜓女人和她的两个女助手把魔术师扔进大锅，魔术师在锅中化为熊熊火焰，电影到此结束。昆虫奇异莫测和"超凡脱俗"的特质使

绿点椭圆吉丁。

它们成为早期电影拍摄的对象，早期的电影大多采用定格拍摄技术和延时摄影技术等，比较知名的电影还有乔治·梅里爱（Georges Méliès）于 1901 年执导的《婆罗门和蝴蝶》（*The Brahmin and the Butterfly*）和乔蒙于 1907 年执导的《巫师》（*Le Charmeur*）。

从 20 世纪初开始，电影制作技术日益影响着公众对甲虫的认知。随着电影制作技术和方法不断进步，人们对甲虫世界越来越了解，用电影讲述甲虫的故事也变得更加切实可行。电影拍摄时，仍然沿用了以往惯用的角度来展示甲虫。例如，1996 年，克洛德·纽里德萨尼（Claude Nuridsany）和玛丽·佩雷努（Marie Pérennou）联合执导的《微观世界》，简直就是法布尔《昆虫记》的影像版，许多故事情节都是在向让-亨利·法布尔致敬。影片中至少有两个重要场景让我们想起了《昆虫记》：第一个是执着的蜣螂滚动粪球的场景；第二个是一串首尾相接的松毛虫爬行的场景。松毛虫只会跟着前面的同伴爬行，一旦围成圈，就会陷入永无止境的死循环，最后乱作一团。与大多数流行的昆虫电影制作方法一样，《微观世界》巧妙运用"魔术"技巧（如微观特写、慢动作和延时）与连贯性剪辑方法，从而改变了观众的时空感知，唤起了他们的想象力，给观众带来一场耳目一新、清新脱俗的盛宴。《微观世界》的拍摄，先进的微观摄影设备功不可没，电影技巧的巧妙运用也至关重要。这些技巧改变了人们对于电影中生物大小和时间长短的正常感知，尤其是与运动有关的感知，因此促成了《微观世界》的震撼之感。

然而，这种改变常常取决于是否使用慢镜头技术。《微观世界》一开始，一只巨大的鹿角虫高高在上，站在一根"木头"上，俨然一只庞然大物，旁边是一只匆匆爬过的小蚂蚁。镜头下一秒就切到了一只犀牛甲虫在灌木丛中缓慢挪动的场景。通常来讲，在电影屏幕上，生物移动得越慢，就显得它体形越大。由于体形相对较大，而且蚂蚁在匆匆爬行，这只鹿角虫看起来就像来自侏罗纪的恐龙——它是昆虫世界的史前巨人。使用慢镜头时，昆虫的放大效果会进一步夸大。再加上观众不熟悉电影中的许多昆虫，对它们的正常运动速度一无所知，因此，时间流逝在影片的昆虫世界中仍然十分模糊。在《微观世界》中，甲虫是魅力四射的"草丛之民"，是奇异世界的居民，藏身在大自然深处，不为人知。

前文已提及，荣格精神分析时谈到用圣甲虫分析病人潜意识的故事。正如这则轶事所言，甲虫在自然界中的地位模糊，正与它在人类潜意识中模糊的隐喻位置遥相呼应——也许就是因为如此，人类潜意识里认为甲虫代表古

怪离奇甚至是超自然的力量。甲虫和大多数昆虫通常统称为"虫子"（bug），而实际上 bug 属于半翅目昆虫。bug 这个词还可以表示系统故障，包括心理故障（如心理烦恼）、生理故障（如身体疾病）、技术故障（如电脑故障）等。这个词起源于 bugbear、bugaboo 和 bogey，意为"怪物"或"妖怪"。美国空军飞行员和宇航员经常把出现在不该出现的区域、"嗡嗡作响"的不明飞行物称为 bogeys（妖怪）。1843 年，埃德加·爱伦·坡（Edgar Allan Poe）出版了小说《金甲虫》：一只神秘的甲虫打破了主人公原本平静的生活，促其踏上了寻宝之旅。《金甲虫》故事中的甲虫，据说是以两种真正的昆虫为原型创作的：磕头虫（*Alaus oculatus*）和金甲虫（*Callichroma splendidum*）。

1897 年，布莱姆·斯托克（Bram Stoker）的吸血鬼小说《德古拉》（*Dracula*）一经出版即大受欢迎。两个月后，理查德·马什（Richard Marsh）创作的哥特式恐怖小说《甲虫》（*The Beetle*）问世，该书有力呈现了"甲虫"的破坏性和变形潜质。在接下来的一年中，《甲虫》销量远远超过了《德古拉》，只是到了现代，《甲虫》已不为人所知。在《甲虫》中，"甲虫"是大反派，它像幽灵一般，是个外形变化多端的怪物。它"既不是上帝之子，也不是人类的后代"，它是 19 世纪末伦敦的噩梦，是因埃及神圣的坟墓遭到亵渎而来到伦敦找人类复仇。一些文学评论家指出，这部小说展现了维多利亚时代晚期，丧失理性的人、莫名其妙的人、迂腐守旧的人等形形色色的人，在面对人类现代化（例如科学、民主、身份以及通往权力和地位的知识投资）时的种种表现。的确如此，《甲虫》反映了整个维多利亚时代的矛盾和困扰。

甲虫不仅可以为 19 世纪末的伦敦人带来光怪陆离的体验，也可以为人类的物质生活提供灵感。1888 年，著名舞台剧演员艾伦·特里（Ellen Terry）在出演麦克白夫人时，身穿一件缀有 1000 只甲虫翅膀、闪闪发光的绿色礼服，轰动一时。美国印象派画家约翰·辛格·萨金特（John Singer Sargent）为身着盛装的埃伦·特里画过一幅画，该画像收藏于伦敦泰特美术馆。萨金特在切尔西的邻居奥斯卡·王尔德（Oscar Wilde）曾回忆起艾伦·特里坐出租车来时的盛况："那是一个潮湿而沉闷的早晨，麦克白夫人盛装打扮，正襟危坐，乘坐一辆四轮马车，徐徐而来。从此，这条街道与众不同，在这里总是充满了美妙的可能性。"后人耗时多年，重新修复了这件独一无二、名闻天下的礼服，修复工程花费 50 000 英镑，共计 1300 小时，目前收

一种甲虫（*Helea Latreilk*）。

藏在肯特郡的斯莫尔海斯博物馆。1928年7月21日，艾伦·特里安详辞世。

另一个更为浮夸的现代例子就是佛兰德斯艺术家让·法布尔（Jan Fabre）为19世纪修建的比利时皇家宫殿的镜厅设计的天花板。该作品在现代作品中熠熠发光，展现了甲虫经久不衰的装饰魅力。镜厅长25米，宽10.7米，是比利时皇家宫殿的主要接待场所，2002年11月15日竣工，竣工后只对外开放了一天。法布尔的助手花了4年时间做准备工作，又花了4个月时间把160万颗宝石甲虫金光闪闪的彩色鞘翅镶嵌在天花板上。这是继奥古斯特·罗丹（Auguste Rodin）为宫殿制作了一些浅浮雕之后，首次为宫殿增添的永久性艺术装饰。这个全部用宝石甲虫装饰的天花板是奉保拉王后（Queen Paola）之命设计的，材料来自印度尼西亚、马来西亚和泰国的餐馆——在这些国家的餐馆里，甲虫被吃掉，它们的鞘翅则被丢弃。按照法布尔的设计，在这幅巨大的马赛克画中可以看到各种各样的图案，包括一些动物图案和象征着保拉王后的字母"P"。一盏布满甲虫的枝形吊灯悬挂在天花板上，就像一只躁动不安的巨大昆虫。值得注意的是，与油画不同，宝石甲虫的鞘翅色彩深沉丰富，不会随着时间的流逝而褪色，这意味着法布尔的设计将永远保持其鲜艳明亮的状态。

2012年底，华盛顿特区美利坚大学卡岑艺术中心举办了艺术家琼·丹齐格（Joan Danziger）的雕塑展《地下世界：甲虫的魔法》。该展览含72种不同种类的甲虫雕像，这些雕像内部为线框模型，外层涂裹切割玻璃和其他介质，将整个展厅打造成一个奇异罕见的昆虫世界。这些甲虫形状各异、

大小不一、颜色绚丽，都比现实生活中的甲虫要大得多。它们散布在 15 米高的墙壁和天花板上，美丽迷人、摄人心魄，打破了洁白墙体的单调。丹齐格从甲虫的精确比例中汲取灵感，故意放大它们的尺寸，这既是出于美学的目的，也是为了传达甲虫自古以来所唤起的魔幻和神秘寓意。自古以来，甲虫既让人排斥，又让人着迷，这种特质不断激发着各个领域的艺术家的创作灵感。有时候，灵感突然就来了，不知不觉地进入我们的脑海中，而我们毫不知悉。

20 世纪，受甲虫带来的灵感启发，人类设计的伟大作品当数大众汽车的"甲壳虫"系列，其鼻祖是 1938 年改造的 vw38 车型，随后大众汽车又推出了几款不同车型。甲壳虫汽车是历史上累计产量最高的汽车。大众汽车公司最初销售这款车型时，并没有称为"甲壳虫"，但它曲线大众甲壳虫。

流畅、小巧可爱，酷似甲虫，于是"甲壳虫"汽车就这样被人们口口相传叫起来了。20世纪30年代，野心勃勃的阿道夫·希特勒（Adolf Hitler）制订了宏大的计划，其中包括建设"高速公路"网络，以及制造功能强、效率高且大众买得起的汽车："大众的汽车"。在第一次世界大战后的德国，汽车对大多数人来说还是难以企及的奢侈品；希特勒的目标是批量生产价格低于1000马克的汽车。有些人认为这一计划异想天开，不切实际。在一片争议声中，费迪南德·保时捷（Ferdinand Porsche），这位曾任职尊达普（Zündapp）和NSU汽车公司从事过类似概念开发的汽车设计师，接受了这项艰巨的任务。在希特勒的支持下，保时捷推出了KdF-Wagen国民车，该名取自德国劳工组织Kraft durch Freude（快乐带来力量），该组织是德国劳工阵线（Deutsche Arbeitsfront，DAF）下属的度假组织。当时，德国政府推出了一项计划，工人们购买储蓄邮票，一旦积累足够数量的邮票，就可以兑换一辆新车，包括保险和运费。然而，第二次世界大战的爆发打断了这一计划，并推迟了"甲壳虫"的生产，直到"二战"后才恢复生产。

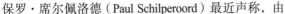

1936 年的海报，鼓励德国人每周节省 5 马克购买一辆大众甲壳虫。

保时捷因设计甲壳虫车系广受赞誉，但甲壳虫汽车的设计灵感并非凭空而来。"甲壳虫"汽车与早期的原型车非常相似，比如 20 世纪 30 年代早期在捷克共和国生产的 Tatra V570 和 77。众所周知，战后，太脱拉公司起诉甲壳虫设计侵权，德国法院判大众公司赔付太脱拉公司设计师汉斯·列德文卡（Hans Ledwinka）300 万马克。事情的缘起是这样的：1934 年，希特勒曾在柏林车展上参观过 Tatra 77，工程师兼汽车记者约瑟夫·甘兹（Josef Ganz）也参观过。早在 1923 年，甘兹就开始绘制甲虫形状的"大众的汽车"，并设计制造了 Maikäfer，即"甲壳虫"，比希特勒与保时捷分享他们的大众汽车想法早了三年。Maikäfer 是第一个明确以甲壳虫命名的车型，这也有力地证明了审美不同的设计师和制造商制作了各种各样的原型和模型，其背后的审美原理，确实是受到了鞘翅目昆虫流畅曲线的启发。

保罗·席尔佩洛德（Paul Schilperoord）最近声称，由

古董"玩具"——德国汉堡劳动博物馆展出的 1940 年大众甲壳虫汽车模型。

于甘兹碰巧是犹太人，因此被纳粹从德国汽车史上"抹掉"
了。甘兹被盖世太保囚禁，后来逃离德国，而保时捷和希
特勒接手了"他的"设计。1951 年，甘兹移居澳大利亚，
为通用汽车的霍顿品牌效力，1967 年去世，死时仍默默无
闻。虽然人们常常倾向于把甲虫的"终极"设计归功于
一位出类拔萃、有远见卓识的工程师，但甲虫的设计，
无疑是许多人智慧的结晶，因此不可能将其完全归功于某
一个人。有点讽刺的是，由于不能清楚地回答谁设计了大
众甲壳虫系列汽车，大众汽车将答案指向与汽车外形相似
的甲虫。大众甲壳虫汽车非常受欢迎，1968 年，迪士尼
公司上映的电影《万能金龟车》(*The Love Bug*) 就是以它

为原型拍摄的。影片讲述的是一辆名叫赫比（Herbie）、有"自己思想"的神奇甲壳虫汽车，在美国各地的赛车比赛中，帮助车主对抗对手的故事。后来迪士尼公司还推出了四部院线续集，这些电影跟大多数迪士尼电影一样，受到几代人的喜爱。

毋庸置疑，史上最成功、最具影响力的乐队一定是甲壳虫乐队（The Beatles）。虽然我们大多数人在欣赏其专辑"一夜狂欢"（*A Hard Day's Night*）时，不会立即想到甲虫

《十只甲虫绘制的童话国王和王后》，雷金纳德·巴瑟斯特·伯奇（Reginald Bathurst Birch）于1897年创作的水墨画。

159

这种昆虫，但是甲壳虫乐队已将"甲壳虫"这个词汇深深烙印在流行语中。乐队早期曾多次改名，1960年5月，乐队曾用过"银色甲壳虫乐队"（The Silver Beetles）作为队名，但最终确定了"甲壳虫乐队"，因为 beatles 既与 beetles 谐音，又含有"节奏"或"打击乐"（beat）的意思。从某种意义上说，甲壳虫乐队火遍全球，家喻户晓，恰似鞘翅目昆虫是动物界种类繁多、分布最广的第一大目一样。

当事物太过普遍，存在已久，就失去了特色，被我们熟视无睹。我们注意到或者没注意到它们，完全取决于我们自己。甲虫特别吗？答案似乎完全取决于我们。我想，这就是人类与甲虫的关系：我们饲养甲虫，杀死甲虫，吃掉甲虫，画甲虫，逗甲虫取乐，做甲虫雕塑，戴甲虫饰品，观察甲虫，进行与甲虫相关的创作，甚至我们做梦也会梦到甲虫。然而，不管怎么着，在我们的潜意识里，甲虫仍保留着一份神秘感，就好像它们并未"出现"在这个世界上，并未和我们在一起。这种神秘感，不仅源于人类和甲虫在解剖学、行为和环境上的差异，还源于一系列晦涩复杂的文化背景，如前几章所述。但我认为，正是这种神秘感，传达了甲虫的生态信息，证明了人类思想的发展历程。毫无疑问，甲虫比人类存在时间更久、分布更广，甚至对自然更重要，甲虫是自然界的真正居民。研究甲虫不仅可以探索自然界中尚未发现的部分，还可以研究人类文化与昆虫之间的关系。甲虫还有力地激发我们去思考人类思想中未被发现的领域——人类思想的自然性。

（对页）《甲虫眼中的美丽》，艾米·简·坦纳（Amy Jane Tanner）于2015年创作。

甲虫时间轴

公元前 1323 年	公元前 350 年	1505 年	1662 年
图坦卡蒙陪葬品使用吉丁虫鞘翅装饰。	亚里士多德在《动物史》中谈及甲虫。	阿尔布雷特·丢勒创作完成《鹿角虫》。	格达特出版了较早的甲虫著作，谈及甲虫变态。

1910—1940 年	1912 年	1919 年
威廉·容克和西格蒙德·申克林在《鞘翅目昆虫名录》中列出了近 221 500 种甲虫。	斯塔维奇使用甲虫和早期定格摄影技术制作了电影《摄影师的复仇》。	亚拉巴马州恩特普赖斯市竖立棉铃象鼻虫公共纪念碑。

1983 年	2003 年	2008 年
澳大利亚宝石甲虫试图与空啤酒瓶交配。	世嘉公司发布了街机游戏《甲虫王者》，大获成功。	美国国防部发明了第一只电子甲虫。

致谢及其他

特别感谢朱莉·哈维（Julie Harvey）和伦敦自然历史博物馆艺术与人文研究中心的所有工作人员，感谢他们招待并提供无私帮助。

参考书目
相关机构和网址
图片版权声明